节气中国

国学彩绘版

黄健 绘

汉竹 编著

扫一扫，
随时随地了解二十四节气

江苏凤凰科学技术出版社 · 南京

节气小知识

什么是二十四节气

一年有四个季节，每个季节有六个节气，那么一年就有二十四个节气。相邻节气前后间隔15天，人们把每五天划分为一候，就有初候、二候、三候。所以，一年一共有七十二候。二十四节气是中国古代劳动人民智慧的结晶，能够帮助人们听懂大自然的语言。比如，立春时，迎春花会开；雨水时，柳树会发芽。农民伯伯还能根据节气来判断气候的变化，知道什么时候该翻地、什么时候该浇水施肥。2016年11月30日，二十四节气被正式列入联合国教科文组织《人类非物质文化遗产代表作名录》。

二十四节气的命名与划分

反映气候变化的节气：雨水、谷雨、小暑、大暑、处暑、白露、寒露、霜降、小雪、大雪、小寒、大寒。

反映物候现象的节气：惊蛰、清明、小满、芒种。

反映季节变化的节气：立春、春分、立夏、夏至、立秋、秋分、立冬、冬至。

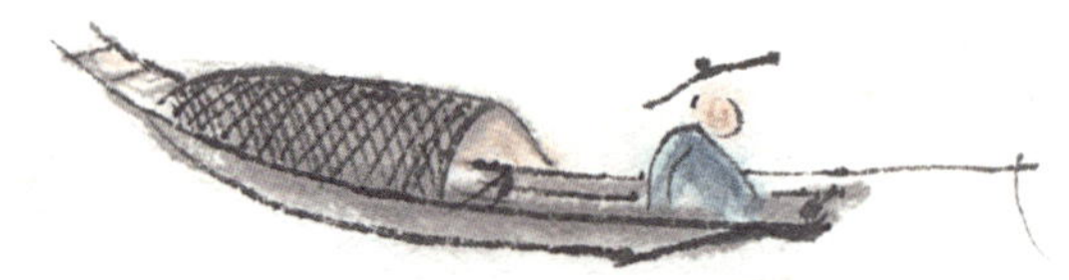

二十四节气歌

春雨惊春清谷天，夏满芒夏暑相连。

秋处露秋寒霜降，冬雪雪冬小大寒。

每月两节不变更，最多相差一两天。

上半年来六、廿一，下半年是八、廿三。

绘者：黄 健

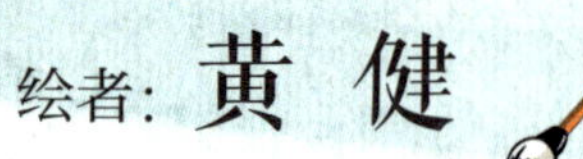

中国书画研究会会员

江苏省青年美术家协会会员

南京市书法家协会会员

南京戏墨娃中国画教学基地校长

已编绘《国学启蒙读古诗》等

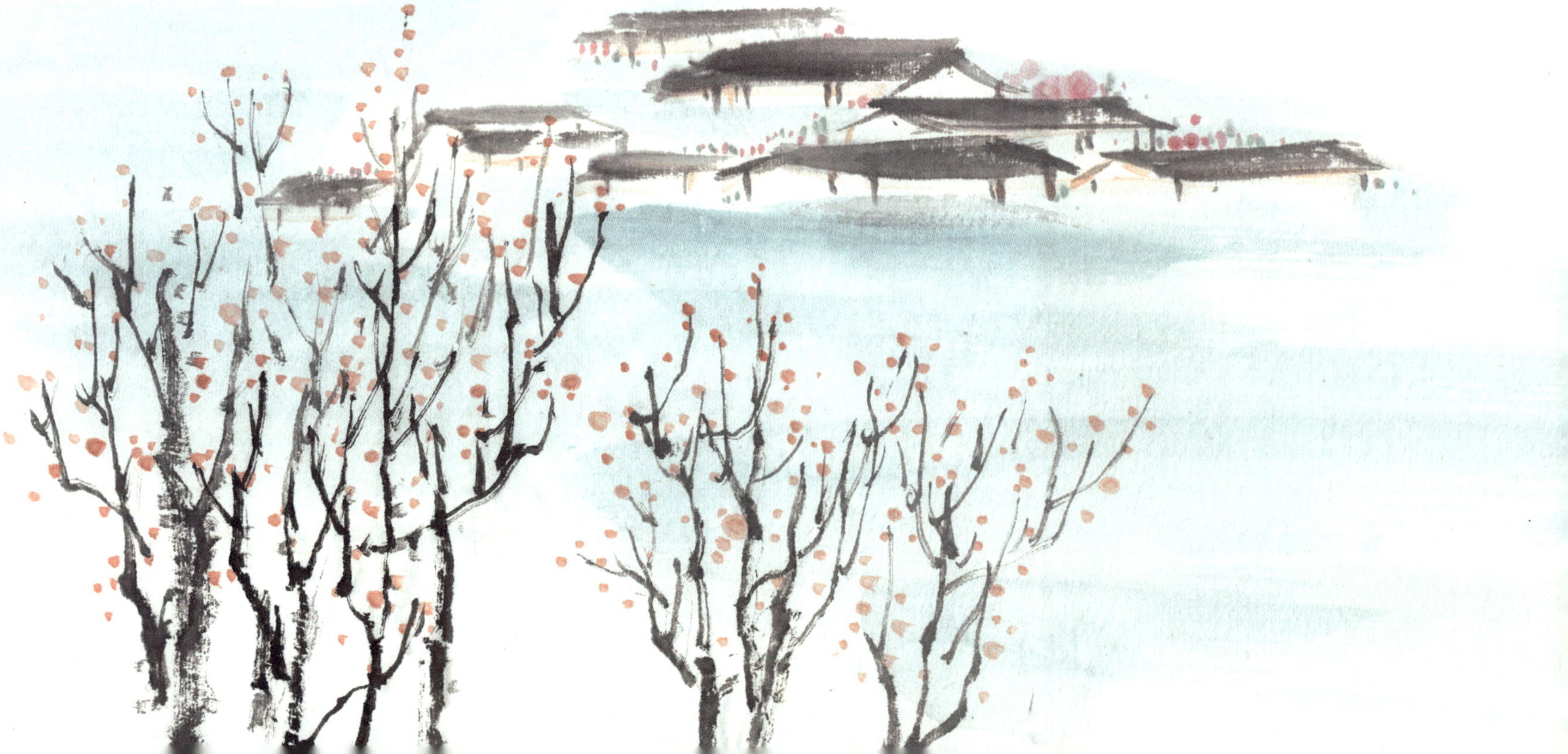

目录

春

夏

秋

冬

立春是二十四节气中的第一个节气。“立”在这里是开始的意思，立春就是春季的开始。冬去春来，万物渐渐苏醒。“一年之计在于春”，自古以来，立春就是很重要的传统节日，春节也总是在立春前后到来，带来一片喜气洋洋的景象。

气候特点

立春时节，天气慢慢地暖和起来。不过，早上和晚上的温度可不一样，白天暖意融融，夜晚寒气阵阵。此时，中国大部分地区仍然是低温天气，真正进入春天的只有岭南地区。

农事生产

中国各地的春耕陆陆续续开始了。北方现在还很冷，所以农民伯伯在准备春耕的同时，也不能冻着田里原有的农作物，得做好保暖措施；南方的农民伯伯开始翻松土地，准备好播种施肥，田间地头呈现出一片人勤春早的忙碌景象。

lì chūn ǒu chéng

立春偶成

〔宋〕张栻(shì)

lǜ huí suì wǎn bīng shuāng shǎo chūn dào rén jiān cǎo mù zhī

律回岁晚冰霜少，春到人间草木知。

biàn jué yǎn qián shēng yì mǎn dōng fēng chuī shuǐ lǜ cēn cī

便觉眼前生意满，东风吹水绿参差。

立春三候

○ 初候 **东风解冻**

立春后，春风暖暖地吹拂，气温慢慢地回升，大地开始解冻，寒冰渐渐融化。

○ 二候 **蛰虫始振**

藏在泥土里冬眠的小虫子和其他动物感受到春天的气息，一个一个在洞中悄悄地苏醒。

○ 三候 **鱼陟（zhì）负冰**

河里的冰开始融化，鱼儿在还没完全融化的冰水中游来游去，好似背着冰块一般。

二十四番花信风

○ 初候 **迎春花**

迎春花不畏严寒，早早盛开，黄色的花朵在枝头迎风微笑，好像在迎接春天的到来。

○ 二候 **樱桃花**

樱桃花感受到春天的抚摸，纷纷打开花苞，为早春增添一抹粉嫩的颜色。

○ 三候 **望春花**

望春花其实就是玉兰花。带着寒意的春风吹开了玉兰花，秀美的花朵缀满枝头，散发着沁人心脾的芬芳。

鞭春牛

立春的早晨，农村会举行鞭春牛活动。人们最早鞭打的是真牛，后来改用纸牛。寓意是打去耕牛的懒惰，让牛勤快地耕地。

春饼和春卷

在北方，立春的时候要吃春饼，寓意喜迎新春、盼望丰收。春饼是用面粉烙成的薄饼，口感筋道。南方在立春时节要吃春卷，炸得喷香金黄的春卷，趁热咬上一口，外酥里嫩，美味极了。

当节气遇到节日：春节

立春节气前后是农历正月初一春节，是全家团圆、共庆新春的日子，家家户户洋溢着欢乐祥和的气氛。从初一早上开始，人们走亲访友，互赠礼物。小朋友们会穿上新衣，开开心心地跟在大人身后去拜年，还能拿压岁钱呢。

吃萝卜

立春最具有代表性的食物就是萝卜。立春日吃萝卜叫咬春。早春时节，多吃萝卜不仅可以解春困，还能强身健体。

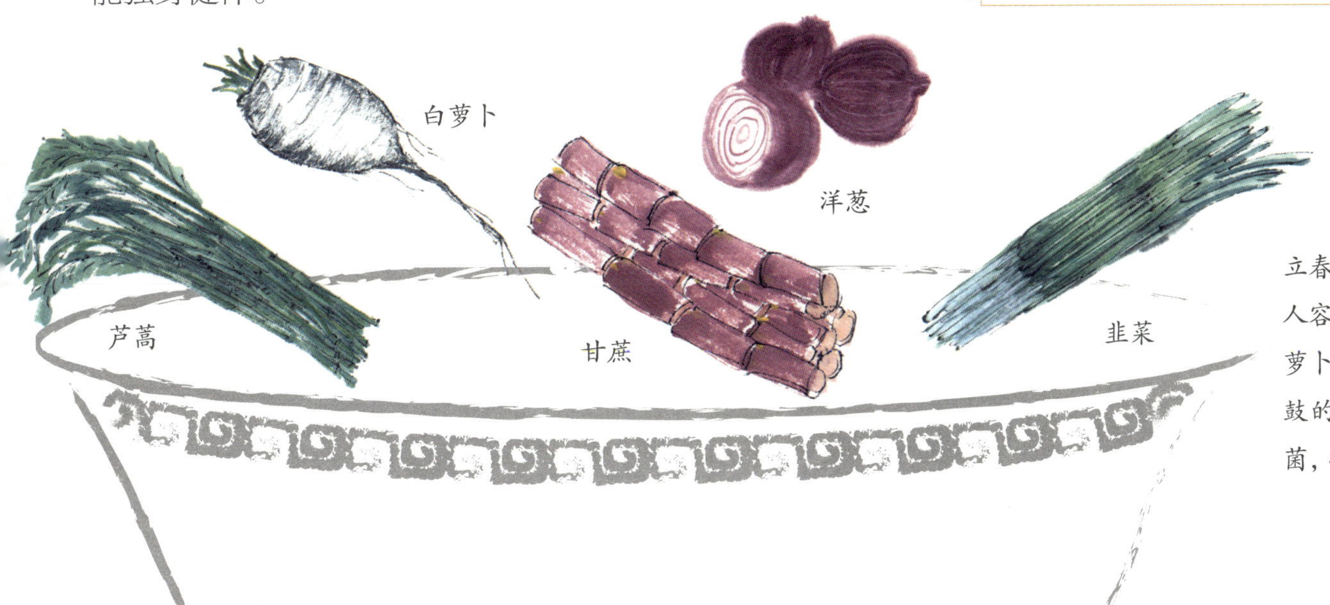

立春的时候天气乍暖还寒，人容易感冒，而白白胖胖的萝卜、绿油油的韭菜和圆鼓鼓的洋葱都有助于赶跑病菌，小朋友要多吃一点哦。

“立春天渐暖，雨水送肥忙。”随着雨水节气的到来，干燥的冬季已经走远，此时气温升高，淅淅沥沥的小雨让草木换上春装，春意更浓了。

气候特点

雨水时节，温暖的阳光铺洒在大地上。南方的山野郁郁葱葱，春雨悄悄下了一夜，湿漉漉的土里冒出好多胖乎乎的竹笋；北方原野上的白雪在阳光下渐渐消融。

农事生产

北方的麦子开始慢慢生长，农民伯伯忙着给它们浇水施肥；南方的雨水变多了，农民伯伯忙着排掉稻田里的积水。

zǎo chūn chéng shuǐ bù zhāng shí bā yuán wài

早春呈水部张十八员外（其一）

〔唐〕韩愈

tiān jiē xiǎo yǔ rùn rú sū, cǎo sè yáo kàn jìn què wú.

天街小雨润如酥，草色遥看近却无。

zuì shì yì nián chūn hǎo chù, jué shèng yān liǔ mǎn huáng dū.

最是一年春好处，绝胜烟柳满皇都。

雨水三候

○ 初候 **獭（tǎ）祭鱼**

冰封的河面解冻了，肚子饿了的水獭开始捕鱼。它们小心地把捕来的鱼整齐地摆在岸边，好像祭祀一般。

○ 二候 **雁北归**

春天来了，天气也暖和了，大雁们整齐地排成人字形，成群地从南方飞往北方。

○ 三候 **草木萌动**

雨水淅淅沥沥，树木抽出了一个个新芽，小小的雨珠滚落下来，渗入泥土。小草喝饱了水，鼓足了劲儿从土里钻出来。

二十四番花信风

○ 初候 **油菜花**

一大片一大片金灿灿的油菜花开得好旺盛呀，远远望去，好像给大地铺上了一张漂亮的金色毯子。

○ 二候 **杏花**

枝丫上，杏花开出红彤彤的花朵，等到花瓣飘落的时候，红色竟然变成雪白色了。

○ 三候 **李花**

李花开得小巧而繁茂，洁白的小花挂满枝头，春风吹过，带走一阵阵沁人心脾的花香。

吃春芽

雨水时节，很多蔬菜都长出了绿油油的、鲜嫩的幼芽，这就是春芽。中国大部分地区的人们都会在春天吃春芽。

倒春寒

雨水节气之后，天气暖和了，但气温仍然多变。如果有冷空气来袭，导致低温多雨，就是“倒春寒”。因此老人们常说“春捂秋冻”。

当节气遇到节日：元宵节

雨水节气前后，是正月十五元宵节，是一年中第一个月圆的日子。大地春暖花开，家家户户张灯结彩。大人和小朋友吃完又香又甜的汤圆或元宵，欢欢喜喜地去划旱船、赏花灯、猜灯谜、放烟火，一家人团聚在一起，快乐和睦。

雨水时节，春笋一个一个探出头来，争先恐后地往上蹿。荠菜嫩绿嫩绿的，用手一掐，汁水都会流出来，正是滋味最美的时候。等天气一热起来，荠菜就变得苦苦的了。

一声春雷响起，惊蛰时节到来了。“蛰”是冬眠的意思，“惊”是惊醒的意思。冬眠的动物们听到轰隆隆的雷声，纷纷惊醒，从窝里钻出来。

气候特点

惊蛰时节，气温上升得更快了，阳光也多了不少，不过天气会忽冷忽热，现在可不能脱下外套，否则感冒可难受了。小朋友们可以在这个时节听到当年的第一声雷响。

农事生产

惊蛰时节，北方的冬小麦从黄色变成绿色，开始恢复生长。不过土壤还冻着，农民伯伯要及时锄地，才能让小麦多多地吸收水分，快快长大。南方的农作物不仅需要及时浇水施肥，还需要除草除虫。

guān tián jiā

观田家（节选）

〔唐〕韦应物

wēi yǔ zhòng huì xīn，yì léi jīng zhé shǐ。
微雨众卉新，一雷惊蛰始。
tián jiā jǐ rì xián，gēng zhòng cóng cǐ qǐ。
田家几日闲，耕种从此起。
dīng zhuàng jù zài yě，cháng pǔ yì jiù lǐ。
丁壮俱在野，场圃亦就理。
guī lái jǐng cháng yàn，yìn dú xī jiàn shuǐ。
归来景常晏，饮犊西涧水。

惊蛰三候

○初候 **桃始华**

桃花在惊蛰时节盛放，在山野间铺开大片大片的粉红色，展现优美身姿，让春天充满浪漫的气息。

○二候 **鸧鹒（cāng gēng）鸣**

鸧鹒就是黄鹂。它们很早就感受到春天的气息，在枝头上欢快地跳来跳去，唱起悦耳动听的歌。

○三候 **鹰化为鸠**

天气慢慢暖和起来，老鹰躲起来繁衍后代，而鸠开始鸣叫着求偶，古人以为老鹰变成了鸠。

二十四番花信风

○初候 **桃花**

粉里透红的桃花在枝头迎风盛放，娇艳欲滴，不仅好看，还可以做成香甜美味的桃花糕。

○二候 **棣棠花**

棣棠花开春日暖，喜欢温暖湿润的棣棠花悄然绽放，金黄色的花朵随风摇动，令人陶醉。

○三候 **蔷薇花**

蔷薇花优雅地绽放在暖阳下，像可爱的小姑娘，从嫩绿的枝叶中探出头来，好奇地打量着春的世界。

驱蛇虫

惊蛰节气，各种蛇虫出来四处活动。为了把它们赶走，人们要好好地打扫房屋。古人还会点燃艾草熏屋子，或者在墙角撒生石灰。

惊蛰吃梨

惊蛰日吃梨是北方的传统习俗。“梨”和“离”谐音，吃梨寓意跟害虫分离，也寓意远离疾病。这个时节比较干燥，吃梨不仅能生津止渴，还能止咳化痰。

喝醪（láo）酒

醪酒是用糯米或大米发酵酿造而成的，口味香甜醇美。西北地区现在还没有回暖，人们喝点醪酒可以让身体暖和起来，还能提提神、解解乏。

醪酒

剃龙头

农历二月初二在惊蛰前后。传说在这天，冬眠的龙被春雷惊醒，抬起头，开始履行降雨的职责。“二月二，剃龙头”，民间传说在这天理发会使人一年里都吉祥如意。

惊蛰时节，小朋友们能在市场上看到黄澄澄的枇杷、又脆又嫩的空心菜……空心菜掐去老梗后配上豆腐乳、芝麻酱一起炒着吃，又香又爽口。

春分

3月20或21日

南燕北飞，昼夜平分

农谚

春分南风，先雨后旱。
吃了春分饭，一天长一线。
春分有雨家家忙，先种瓜豆后栽秧。

“春分春分，昼夜均分。杨柳青青，草长莺飞。小麦拔节，油菜飘香。”春分时节，中国大部分地区进入明媚的春天，红的桃花、白的梨花、金黄的油菜花、碧绿的垂柳构成了绚丽多彩的春日美景。当然，春分也意味着春天已经过去一半了。

气候特点

春分一到，全国大部分地方都很温暖，雨水也很充足，阳光明媚耀眼。辽阔的中国大地上，草长莺飞，花红柳绿，到处是一片生机勃勃的春景。南方河流进入水盛时期。北方天气多变，容易刮风扬沙。

农事生产

春分时节，越冬作物进入旺盛的生长阶段。耕地、播种都很繁忙，北方的农民伯伯要忙着给农作物浇水施肥，以抵御春旱；南方的农民伯伯要在天气回暖的时候抢晴播种早稻。

qī jué sū xǐng

七绝·苏醒

〔宋〕徐铉

chūn fēn yǔ jiǎo luò shēng wēi
春分雨脚落声微，
liǔ àn xié fēng dài kè guī
柳岸斜风带客归。
shí lìng běi fāng piān xiàng wǎn
时令北方偏向晚，
kě zhī zǎo yǒu lǜ yāo féi
可知早有绿腰肥。

春分三候

○ 初候 **玄鸟至**

玄鸟就是燕子，是春天的使者。春分日，燕子从南方飞回北方。它们在温暖的春天里衔草筑巢，忙个不停。

○ 二候 **雷乃发声**

伴着绵绵的春雨，雷声不再沉闷，“轰隆隆”的雷声告知万物春天的到来。

○ 三候 **始电**

雷雨的时候，闪电在天空中放出闪耀的光亮，像一条银光闪闪的长鞭，很快消失不见。

二十四番花信风

○ 初候 **海棠花**

红红的海棠花争着开放，一簇簇挂在枝头，将春天点缀得格外娇艳美丽。

○ 二候 **梨花**

在春日的艳阳里，洁白的梨花盛开似雪，春风吹拂，花瓣飘然落下，十分优美。

○ 三候 **木兰花**

木兰先开花后长叶。开花的时候，花朵挂满枝头，香气怡人，十分壮观。

粘雀嘴

春分时节，农民伯伯会煮一些汤圆，用细签串着插到田里，吸引麻雀来吃，认为这样可以把麻雀的小嘴粘住，防止它们吃庄稼。

桃花汛

天气越来越暖，黄河上游的冰凌融化成水，水位迅猛上涨起来。春水流至下游时，两岸的桃花开得正艳，人们把这个时段的汛期叫作“桃花汛”。

吃春菜

各地都有吃春菜的习俗，岭南地区的春菜是一种野苋菜。在春分这天，人们会采摘野苋菜煮汤喝。人们相信，春分吃春菜，一年平安健康。

竖鸡蛋

“春分到，蛋儿俏。”各地有春分竖鸡蛋的习俗，以此庆祝春天的到来。大人和孩子们聚在一起，将生鸡蛋竖立放在桌上，不倒下就算赢。

吃汤圆

春分时，南方很多地区有吃汤圆的习俗。汤圆是用糯米粉做的，糯米性温味甘，在还有些寒冷的时节吃汤圆可以补充热量，但汤圆不容易消化，不能贪食哦。

嫩嫩的绿豆芽、翠绿的马兰头、胖胖的包菜、红彤彤的小樱桃在春分前后上市。小朋友们多吃一些绿色蔬菜，可以帮助身体抵抗病毒的侵袭。

清明

万物去故，盛春正浓

4月4、5或6日

农谚

清明有雾，夏秋有雨。
清明南风，夏水较多。
清明北风，夏水较少。

俗话说，“清明前后，点瓜种豆”“植树造林，莫过清明”。清明不仅是春耕春种的大好时节，也是人们亲近大自然的好时候。在中国传统六大节日中，只有清明是以节气命名的。清明节也是祭祀祖先的重要日子。

气候特点

清明时节，气温快速上升，天空变得清澈明朗，万物欣欣向荣。北方雨水很少，沙尘天气很多；南方江淮一带有时阳光明媚，有时阴雨绵绵。

农事生产

清明时节，东北和西北地区的冬小麦拔节生长，农民伯伯要及时春灌；黄河下游的小麦快要长出穗来，农民伯伯要疏通沟渠，可不能让地里的农作物喝太多水。全国各地的田野里，一片繁忙热闹的春耕景象。

qīng míng
清明

〔唐〕杜牧

qīng míng shí jié yǔ fēn fēn　　lù shàng xíng rén yù duàn hún
清明时节雨纷纷，路上行人欲断魂。
jiè wèn jiǔ jiā hé chù yǒu　　mù tóng yáo zhǐ xìng huā cūn
借问酒家何处有，牧童遥指杏花村。

清明三候

○ 初候 **桐始华**

一簇簇紫色的桐花像一团团浮动的云彩。桐花的开放标志着绚烂的春景达到极致。

○ 二候 **田鼠化为鹌**

天气渐渐暖和，喜凉的田鼠爬回洞中，鹌鹑却变多了。古时的人们误以为是田鼠变成了鹌鹑。

○ 三候 **虹始见**

清明时节，雨过天晴，阳光从薄薄的云层中透出来，在天空中遇水折射形成美丽的彩虹。

二十四番花信风

○ 初候 **桐花**

“桐花开，清明到。”桐花是泡桐树的花，在清明时节盛放。桐花一开，春意阑珊，繁盛的春景即将逝去。

○ 二候 **麦花**

麦子开花时，比米粒还小的白色小花挂在麦穗上。可惜的是，它们只开15~30分钟就凋谢了。

○ 三候 **柳花**

柳花是柳树的花，有着淡黄色的蕊，等到柳花败了，柳絮就随风飘起来了。

踏青

清明时节，大地一派生机勃勃的春日景象，正是和亲朋好友一起郊游踏青的大好时机。踏青的人们结伴而行，赏花游玩。小朋友们荡秋千、放风筝，开心极了。

吃青团

清明时节，江南人喜欢吃青团。用绿色的艾草汁和糯米粉混合制作外皮，再包上各种馅料。蒸好的青团油绿如玉、清香扑鼻、口感细腻。

吃螺蛳（luó sī）

“清明螺，赛肥鹅。”清明时节正是螺蛳肥美诱人的时候，可以加葱、姜、蒜爆炒，也可以将螺蛳肉挑出来和韭菜一起炒着吃。

清明祭祖

清明节是祭祀祖先、缅怀先人的日子，有踏青、祭祖和扫墓等习俗，是由古时的寒食、上巳、清明三节融合而成，距今已有2000多年的历史。节日当天，全家带着水果和点心，扫墓祭拜，表达对已故亲人与先祖的思念。

清明的蒜薹翠绿新鲜，加上缤纷的彩椒一起炒着吃，饭后再吃几个红彤彤的圣女果，这可是补充维生素的好搭配哦。

谷雨

雨生百谷，春日将尽

4月19、20或21日

农谚

谷雨麦挺立，立夏麦秀齐。
谷雨下谷种，不敢往后等。
清明早，立夏迟，谷雨种棉正当时。

谷雨是春天的最后一个节气。所谓谷雨，就是“雨生百谷”。在这多雨的时节里，谷类作物旺盛地生长着。“清明断雪，谷雨断霜。”谷雨的到来预示着寒冷的日子快要结束了。

气候特点

谷雨时节意味着暮春的到来，寒冷的天气即将悄悄离开。很多地方气温可以达到20°C以上，天气更暖和，雨水更充沛，空气里弥漫着湿润的花香。

农事生产

谷雨时节，北方雨水比南方少，北方的农民伯伯这个时候得注意给农作物喝饱水；南方开始耕地，农民伯伯准备种白白的棉花、栽嫩嫩的红薯苗。随着气温升高，昆虫也多了，农民伯伯要仔细提防害虫来偷吃庄稼。

wǎn chūn tián yuán zá xìng

晚春田园杂兴（节选）

[宋]范成大

gǔ yǔ rú sī fù sì chén
谷雨如丝复似尘，
zhǔ píng fú là zhèng cháng xīn
煮瓶浮蜡正尝新。
mǔ dān pò è yīng táo shú
牡丹破萼樱桃熟，
wèi xǔ fēi huā jiǎn què chūn
未许飞花减却春。

谷雨三候

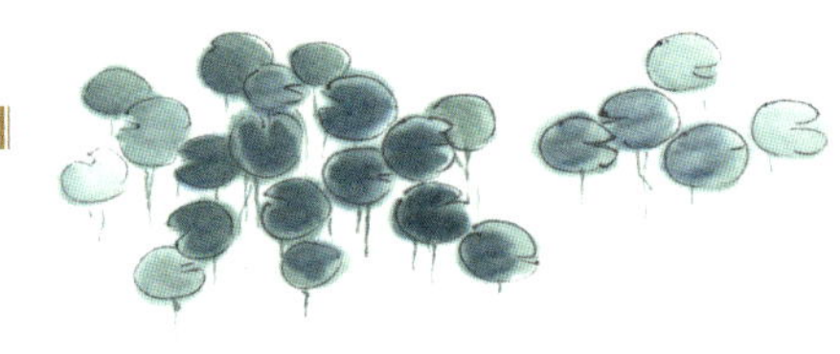

○ 初候 **萍始生**

谷雨节气，雨水变多了，池塘里的水温度也升高了，喜欢温热潮湿的浮萍在池塘里自由地伸展蔓延。

○ 二候 **鸣鸠拂其羽**

这里的鸠，指的是布谷鸟，学名叫“大杜鹃”。它们在田间地头不停地鸣叫，累了就停在树枝上用嘴梳理羽毛。布谷鸟的叫声“布谷”谐音“播谷”，像是在提醒农民伯伯赶紧耕种。

○ 三候 **戴胜降于桑**

戴胜在桑树上出现，仿佛在提醒人们及时采桑养蚕。它们常常在桑林出没，捉食桑树上的小蚕。

二十四番花信风

○ 初候 **牡丹**

牡丹盛开时正是谷雨时节，因此人们又称它为“谷雨花”。民间各地会在此时举办牡丹花会，观赏牡丹。

○ 二候 **荼蘼**（mí）

“开到荼蘼花事了”，荼蘼是暮春时节盛放的花。它开放意味着春天将要离开了。

○ 三候 **楝**（liàn）**花**

楝花是二十四番花信风之尾，楝花凋落标志着夏天即将到来。

贴“谷雨帖”

谷雨时节，各类毒虫很活跃，山东一带流行贴“谷雨帖”，寓意吓跑毒虫。古时人们会在“谷雨帖”上面画神鸡捉蝎等图案，祈求庄稼丰收、身体安康。

喝谷雨茶

在南方，谷雨茶是谷雨时节采制的春茶。谷雨茶经过雨露的滋润，叶芽肥壮，泡起来味道没有一般的茶那么浓，但香气怡人，清甜可口。

吃香椿

“雨前香椿嫩如丝”，谷雨前后的香椿吃起来鲜美爽口。在北方，人们把春天采摘和食用香椿称作“吃春”。

走谷雨

以前在谷雨这天，人们会到邻居和亲友家串门走动，或者到野外郊游踏青，欣赏秀丽的自然风景，以此亲近自然，强身健体。

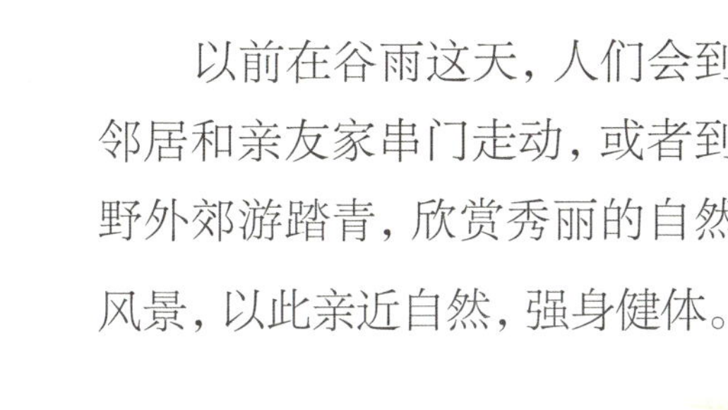

祭海

谷雨这天，沿海地区的渔民会在海边举行海祭，祈祷出海平安，满载而归。

香椿

莲雾

香菜

香芹

鸡毛菜

香菜、香椿、鸡毛菜在谷雨时都长得非常茂盛。小朋友们，吃香菜不仅可以健胃消食，还能驱散寒气哦。

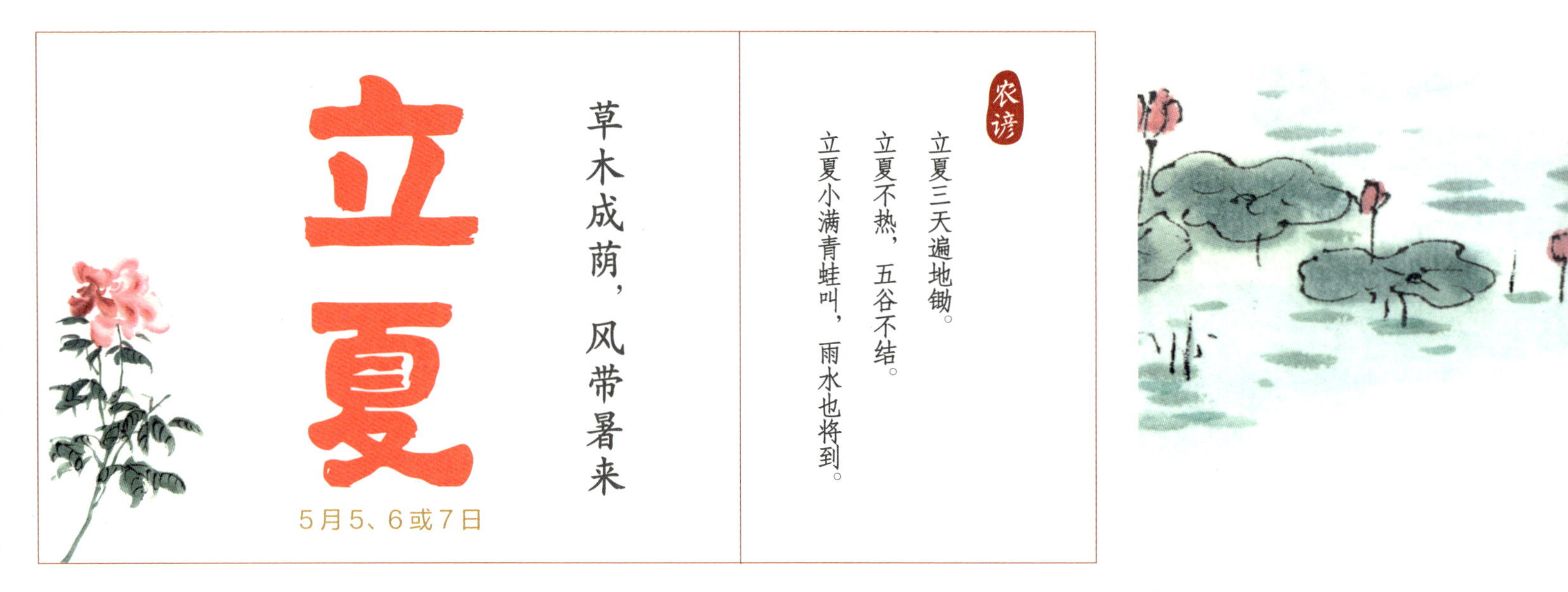

立夏是二十四节气中的第七个节气，代表夏天开始。到了立夏，日照强了，雨水多了，植物快速地生长。

气候特点

立夏时节，天气明显比之前热很多，雷雨也多了。南方现在是绿树成荫的夏日景象，不过东北和西北部分地区还是春日景象。

农事生产

立夏时节，北方气温升高，雨水少，蒸发快，地里的农作物喝不饱水，农民伯伯要及时浇水；南方已经进入雨季，地里的农作物喝足了水，农民伯伯要及时为农田排水，还要注意赶走害虫。

shān tíng xià rì
山亭夏日

〔唐〕高骈(pián)

lǜ shù yīn nóng xià rì cháng
绿树阴浓夏日长，
lóu tái dào yǐng rù chí táng
楼台倒影入池塘。
shuǐ jīng lián dòng wēi fēng qǐ
水晶帘动微风起，
mǎn jià qiáng wēi yī yuàn xiāng
满架蔷薇一院香。

○ 三候 王瓜生

王瓜的藤蔓开始快速地生长攀爬，再过一个月就会结出红红圆圆的果子。

立夏三候

○ 初候 **蝼蛄**（lóu gū）**鸣**

蝼蛄喜欢温暖潮湿的环境。伴着蝼蛄的鸣叫，夏天的味道更浓了。

○ 二候 **蚯蚓出**

蚯蚓喜欢阴凉潮湿的土壤，夏季的到来让泥土变得更热，它们便忍不住钻出地面透透气。

花开立夏

○ 蔷薇

蔷薇的藤蔓爬满竹篱笆，鲜嫩活泼的花儿迎着风轻轻摇摆，散发出一阵阵香气。

○ 月季

立夏，芬芳多姿的月季开了，鲜艳娇俏的花朵隐在绿叶里，好像仙子翩翩起舞。

○ 芍药

“五月花神”“花中丞相”都是芍药的美称。芍药花色很多，有白、粉、红、紫、黄等，花瓣层层叠叠，异常艳丽。

称体重

过去，立夏这天，人们吃完午饭会挂起大木秤，秤钩上悬一个凳子，让小朋友轮流坐到凳子上称体重。意义不在称体重，而在称出好运和福气。

立夏饭

立夏这天，人们用红豆、黄豆、黑豆、绿豆、白芸豆等混合着大米煮成“五色饭”，寓意五谷丰登，后来又演变为用蚕豆煮糯米饭。

立夏蛋

“立夏吃一蛋，力气大一万”，江浙一带的人们会在立夏前一天开始煮立夏蛋，并将立夏蛋装入用彩绳编织成的蛋套，挂在孩子胸前。

斗蛋

蛋大的一头为蛋头，小的一头为蛋尾。斗蛋时，蛋头撞蛋头，蛋尾撞蛋尾，谁的蛋先破谁就输。立夏这天，小朋友们玩得可开心了。

黄瓜表面很粗糙，吃起来却口感清脆，水分充足。立夏时节要多吃黄瓜、杨花萝卜、杧果这些含维生素的蔬果。

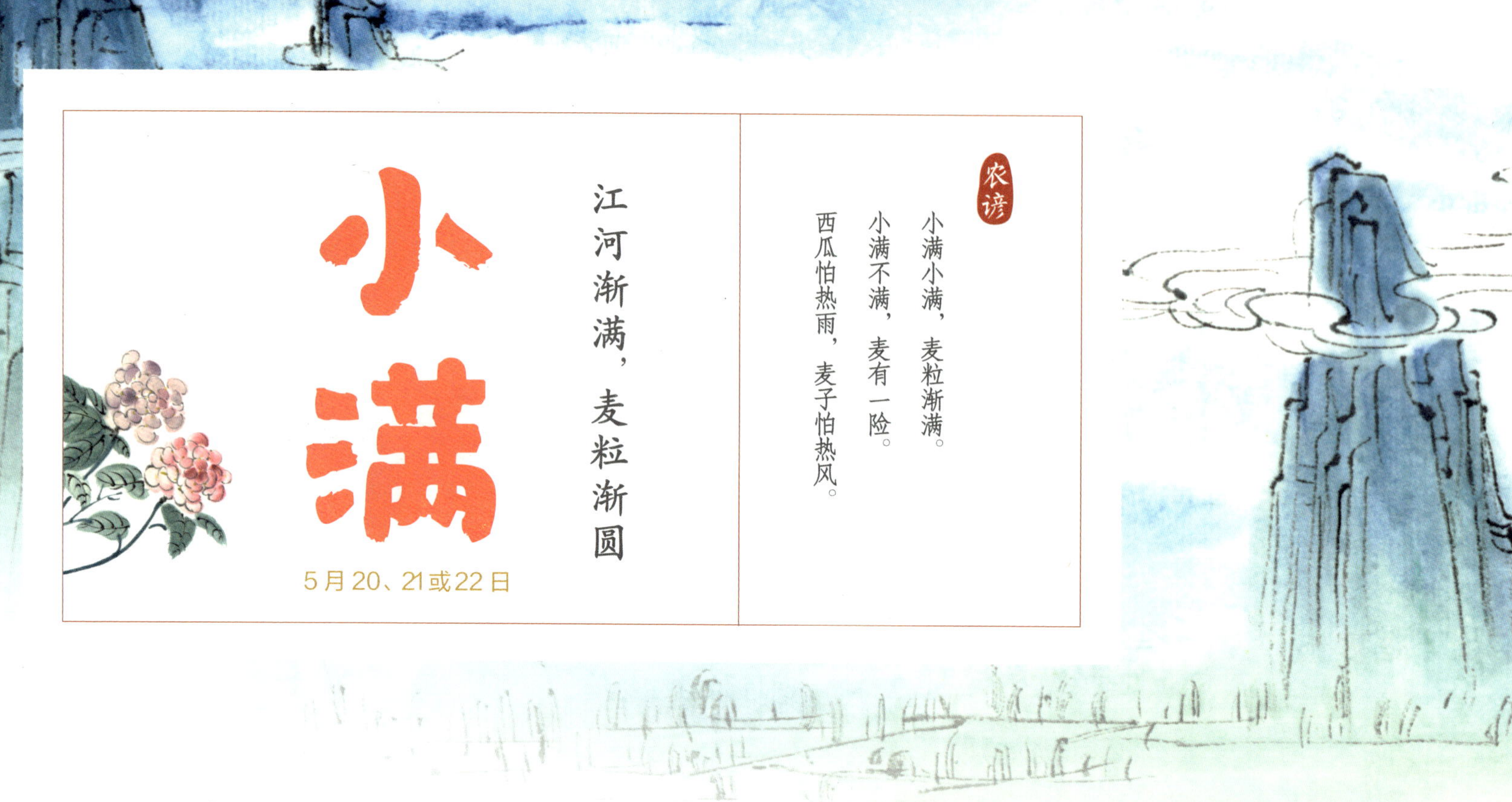

小满时节，初夏的阳光与暖风催熟麦粒，不过距离小麦收获还有一段时间，因此被称为小满，这个节气展现了人们对于收获的企盼。

气候特点

小满节气，除了东北地区和青藏高原地区，好多地方每日最高气温已经高于22° C，南方和北方气温上的差距缩小不少，雨水也变得更多了。

农事生产

小满时节，农事非常繁忙。在北方，小麦既害怕田里的害虫，又抵挡不住热风的侵袭，农民伯伯要格外留意；在南方，农民伯伯要管理好春播作物。蚕此时已经结茧，可以准备煮茧缫（sāo）丝了。

wǔ jué xiǎo mǎn

五绝·小满

〔宋〕欧阳修

yè yīng tí lǜ liǔ
夜莺啼绿柳，
hào yuè xǐng cháng kōng
皓月醒长空。
zuì ài lǒng tóu mài
最爱垄头麦，
yíng fēng xiào luò hóng
迎风笑落红。

小满三候

○ 初候 苦菜秀

苦菜是一种可以吃的野菜。小满一到，田野里就到处都是盛开的苦菜花，白色和黄色的小花很是鲜嫩。

○ 二候 靡草死

靡草指的是细小的草。天气越来越热，小草经不住骄阳的照射，逐渐枯萎。

○ 三候 麦秋至

古人称谷物成熟为“秋”，虽然刚刚步入初夏，但冬小麦已经到了成熟的“秋”，麦粒饱满，不久就能收获。

花开小满

○ 石榴花

翠绿的叶子间，石榴花逐渐开放，有的像小小的红灯笼，有的还是含苞待放的花蕾。

○ 枣花

枣花细小，是黄绿色的，香气也让人难以察觉。枣花开放在枝头，成簇成列，让人忍不住想到红枣挂满枝头的景象。

○ 绣球花

绣球花外形丰满，花朵密集，有粉红色、淡蓝色、纯白色等。大朵大朵的绣球花迎着初夏的阳光和微风静静盛开，成为一道亮丽的风景线。

动三车

“三车”指水车、油车和丝车。古时候，江南地区到小满节气时，水稻要插秧、油菜籽已成熟、蚕已结茧，人们要开始踏水车翻水、用油车榨油、摇丝车缫丝了。

祭车神

古时候，小满那天，农夫们会在水车的车基上放置鱼肉、香烛等祭品，用来祭拜水车之神——白龙，祈求白龙保佑水源充足。

吃油茶

油茶是北方的传统小吃。将花生碎、芝麻和白糖等拌在新磨的小麦粉里加油炒熟后，倒入开水调成糊状，撒上果脯碎一拌，就是一碗香甜的油茶了。

吃捻捻转儿

小满时节，人们会割下未成熟的麦子，将麦粒搓下后炒熟，再用石磨捻成面条状，加入黄瓜丝等配料以及各种调料拌匀，就是散发着浓浓麦香的“捻捻转儿”了。

小满的时候雨水多，适量吃扁豆、冬瓜可以祛湿。很多小朋友都知道枸杞，但或许不知道新鲜的枸杞嫩芽有着香甜的花香，也可以吃的哦。

芒种的“芒”是指小麦、大麦等籽实外壳上的针状物；“种”是指播种。芒种一到，黄淮、江淮及江南地区的农民伯伯既要收获，又要播种，忙碌极了。

气候特点

芒种时节，天气明显变热，雨水明显增多。这个时候，长江中下游地区进入梅雨季节，即将迎来一段持续时间很久的阴雨天气。太阳被乌云挡在后面，气温下降，小朋友们跟爸爸妈妈出门时别忘了带伞哦。

农事生产

芒种时节，农事更加繁忙了。夏熟的农作物到了收获的时候，夏播的农作物是时候播种了，而春种的农作物还得做好后续的管理工作，农民伯伯要忙得抽不开身啦。

yuē kè
约客

〔宋〕赵师秀

huáng méi shí jié jiā jiā yǔ
黄梅时节家家雨，

qīng cǎo chí táng chù chù wā
青草池塘处处蛙。

yǒu yuē bù lái guò yè bàn
有约不来过夜半，

xián qiāo qí zǐ luò dēng huā
闲敲棋子落灯花。

芒种三候

○ 初候 螳螂生

螳螂妈妈去年秋天产下的卵在芒种来临的时候有动静了，小螳螂鼓足了劲儿破壳而出。

○ 二候䴗（jú）始鸣

有“雀中猛禽”之称的伯劳（古籍上叫作“䴗”）开始在枝头鸣叫。它们很凶猛，喜欢站在高处向下俯视，伺机捕食小型兽类和其他鸟。

○ 三候 反舌无声

反舌又叫百舌、乌鸫（dōng），是一种舌尖向内的鸟，善于模仿各种鸟鸣，此时因为感受到夏天的气息而停止鸣叫。

花开芒种

○ 松果菊

松果菊花如其名，开花时，花蕊像松果，粉色花瓣似花裙，奇特又好看。

○ 荷花

夏风轻柔地吹拂，含苞的荷花在荷叶的簇拥下摇摇晃晃，像含羞的少女遮掩着娇俏的脸蛋。

○ 栀子花

栀子花安静地盛放在温暖湿润、阳光充足的夏日，洁白素净的花朵点缀四季常绿的叶片，清丽优雅又芳香四溢。

安苗

芒种时节，栽完水稻，皖南的农民伯伯会举行安苗仪式，他们把面捏成五谷六畜等形状，用蔬菜汁染色后蒸制成贡品，祈求丰收。

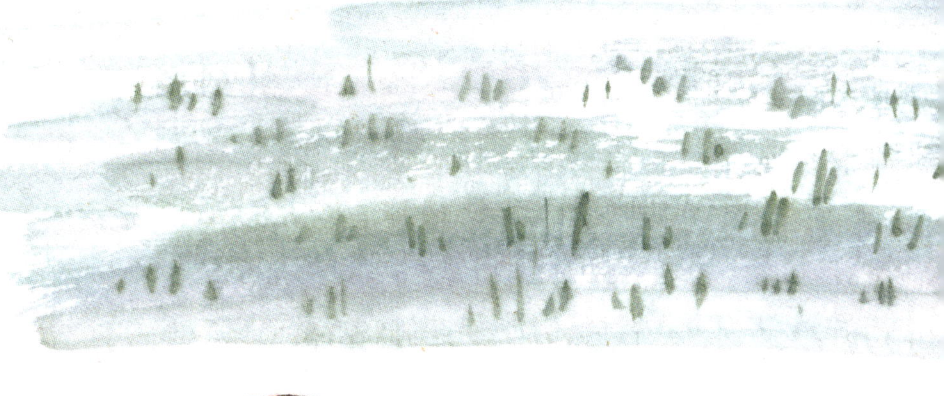

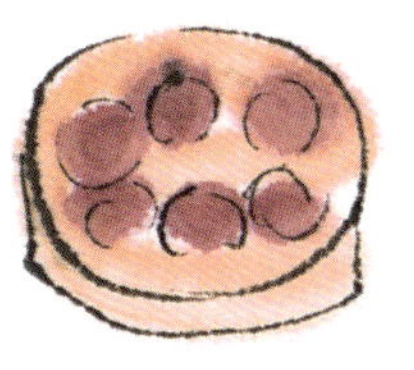

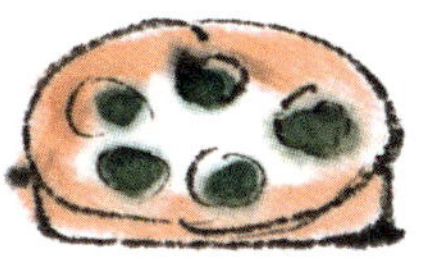

黄梅雨

芒种时节，长江中下游地区阴雨绵绵，很少见到太阳，衣服都要发霉了。这个时候正好梅子成熟，于是人们把这段时期下的雨叫作“黄梅雨”。

当节气遇到节日：端午节

芒种前后是农历五月初五端午节，这一节日已经有2000多年的历史了。传说端午节是为了纪念中国历史上伟大的爱国诗人屈原。这一天，人们会吃粽子、赛龙舟、挂艾草、喝雄黄酒等。赛龙舟这个习俗很早就有了，存在于吴越水乡一带，目的是通过祭祀图腾“龙”以祈求避免水旱之灾。

吃煮梅

此时，南方的梅子成熟了。新鲜梅子酸酸涩涩，可不能直接吃，煮熟加工后便是清凉解暑又生津的夏季良品。

芒种“吃苦”，胜似进补。苦瓜虽然看上去有点丑，但其实内心很温柔，尝试一下炒苦瓜，它独特的味道会给小朋友们不一样的体验哦。

夏至这天，北半球各个地方将迎来白天最长、夜晚最短的一天。过了夏至，白天会越来越短，黑夜会越来越长。俗话说，“不过夏至不热”，所以夏至还不是一年中最热的时候。

气候特点

夏至节气，中国大部分地方日照强烈，气温比之前上升一些，经常会出现雷阵雨天气。北方气温继续上升，南方梅雨还没有结束。

农事生产

夏至时节，阳光充足，气温较高，各个地方的夏播农作物生长旺盛。不过，田野里的杂草和害虫也变多了，农民伯伯要多多注意田地里的这些“破坏王”，及时给农作物补充养料和除草杀虫。

zhú zhī cí èr shǒu

竹枝词二首（其一）

〔唐〕刘禹锡

yáng liǔ qīng qīng jiāng shuǐ píng
杨柳青青江水平，
wén láng jiāng shàng chàng gē shēng
闻郎江上唱歌声。
dōng biān rì chū xī biān yǔ
东边日出西边雨，
dào shì wú qíng què yǒu qíng
道是无晴却有晴。

夏至三候

○ 初候 **鹿角解**

这里“解”是脱落的意思。每到夏至时节，鹿角就会开始脱落。在鹿群聚集的地方，还能找到自然脱落的鹿角呢。

○ 二候 **蜩（tiáo）始鸣**

“蜩”指的是蝉。夏至一到，雄蝉就会“知了知了”地叫个不停。不过，雌蝉不能发出声音，因此被叫作“哑巴蝉”。

○ 三候 **半夏生**

半夏是一种喜欢阴凉的药草，多生长在沼泽、水田等地，夏至后开始生长。因为仲夏（农历五月）时可以采集它的块茎，所以得名半夏。

花开夏至

○ **半夏**

半夏的外形很神奇，叶子是三叶同生，一大两小，中间的长而尖，两侧的短而圆。半夏花细细长长，像是枝子一不小心裂了个口子。有时候，密集的叶子围拢在一起反而更像是一朵绿色的花，静谧优雅。

○ **蜀葵**

蜀葵是夏天的宠儿，总是生长在矮墙边、篱笆旁，或沟渠、井栏边，紫的、粉的、红的、黄的，一丛丛高高矗立着，在青绿枝叶间扬起圆圆的脸盘，向着金色的太阳灿烂地笑。

○ **木槿**

木槿是一种常见的灌木，花的颜色多种多样。诗经中的“舜华”“舜英”都是指木槿，因此被用来比喻女子相貌美丽。

立杆测影

以前，人们在夏至这天中午立一根竹竿在地上，发现竹竿的影子非常短。这是因为在夏至日，太阳直射地面的位置到达一年的最北端。

吃荔枝

夏至时节，岭南地区的荔枝成熟了。荔枝甘甜多汁，但多吃容易上火，可以将它与肉炖了一起吃，别有一番风味。

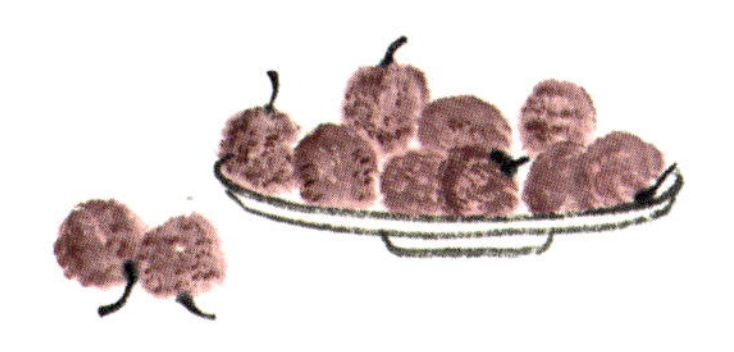

戴枣花

夏至这天，北方的人们有戴枣花的习俗。据说枣花能辟邪，又能治疗腿脚不适。女子们会结伴摘枣花，将它们别在发间。

吃夏至面

“吃过夏至面，一天短一线。”夏至吃面是很多地方的习俗，长长的面条象征着夏至长长的白天。

夏至到来了，红彤彤的西红柿、绿油油的丝瓜、甜津津的桃子、脆生生的胡萝卜都上市啦。天气炎热，小朋友如果吃不下饭，可以先吃一个酸酸甜甜又开胃的西红柿，改善食欲。

小暑的“暑”表示炎热，而“小”则表示炎热的程度较轻。此时，炎热的天气刚刚开始，还没有到一年中最热的时候。以小暑为起点，中国各地进入三伏中的初伏。天气太热，宜伏不宜动，三伏因此得名。

气候特点

小暑节气一到，南方的梅雨便漫步离开了，而北方则开始进入多雨的时候。全国各个地方都将迎来很炎热的一段时间，同时还会下大暴雨、打雷闪电，甚至有可能下冰雹。

农事生产

小暑时节，多多的雨水和大大的太阳能帮助农作物茁壮成长。这个时候，农民伯伯要做好田间管理，抗旱、防洪、追肥、治虫。虽然天气越来越热，但每一项农事都不能怠慢。

桥南纳凉

〔宋〕秦观

携杖来追柳外凉，画桥南畔倚胡床。
月明船笛参差起，风定池莲自在香。

小暑三候

○ 初候 温风至

小暑时节，迎面吹来的风没有丝毫的凉爽之感，反而让人觉得热乎乎的。

○ 二候 蟋蟀居壁

炎热的天气连蟋蟀也受不了了，它们离开田野，躲在庭院的墙角里避暑。

○ 三候 鹰始鸷

地面被太阳晒得滚烫，老鹰在高空中展翅飞翔，寻找凉风，并教小鹰学习飞行本领。

花开小暑

○ 蒲公英

绿油油的草丛中，一棵棵蒲公英精神抖擞，神采奕奕。远远望去，像是绿色的地毯上绣了一朵又一朵朝气蓬勃的小黄花。

○ 野百合

野百合花色鲜艳，以白色或淡紫色为主，花朵清香扑鼻，花瓣细腻如玉，形状看上去像一个个小喇叭。

○ 茉莉花

小巧洁白的茉莉花在翠绿的叶片中悄然绽放，芬芳美丽。将盛开的茉莉花采下晒干，加开水冲泡成一杯茉莉花茶，香气扑鼻，令人心旷神怡。

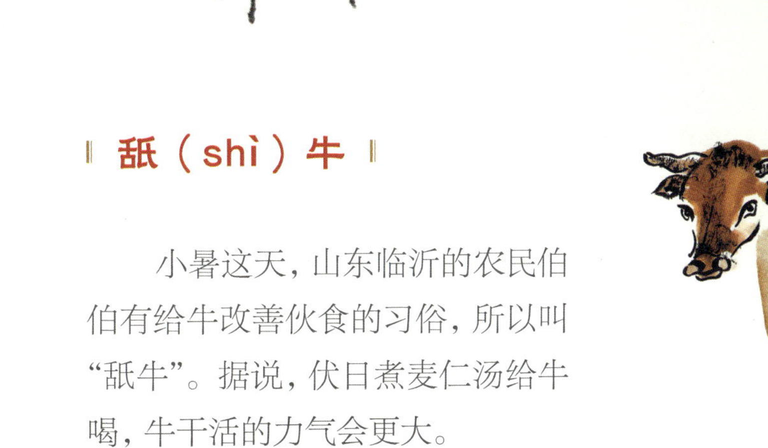

晒伏

很多地方流行小暑“晒伏”的习俗。因为夏天雨水多，东西容易受潮发霉，所以趁着阳光好，把衣被拿出来晒晒吧。

舐（shì）牛

小暑这天，山东临沂的农民伯伯有给牛改善伙食的习俗，所以叫“舐牛”。据说，伏日煮麦仁汤给牛喝，牛干活的力气会更大。

食新

过去，浙江、上海人在小暑时节有“食新”的习俗。人们聚在一起，把新割回来的稻谷碾出米来煮着吃，喝新酿好的酒，祈求风调雨顺、五谷丰登。

吃黄鳝

“小暑黄鳝赛人参”，此时的黄鳝肥美好吃。黄鳝常常白天睡觉，晚上出来活动。在小暑节气钓黄鳝也是夏天里一件有趣的事儿。

南瓜

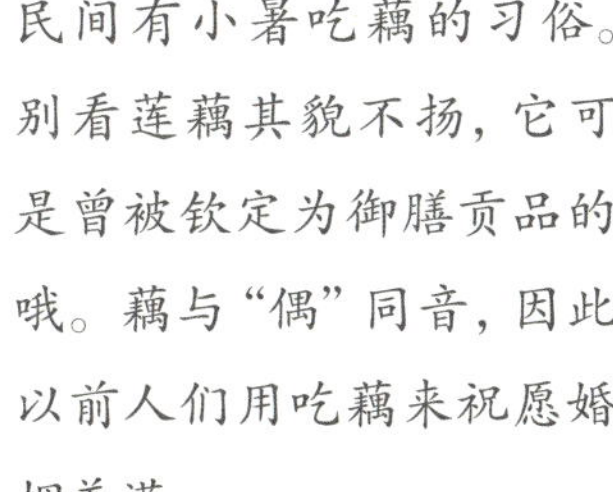

民间有小暑吃藕的习俗。别看莲藕其貌不扬，它可是曾被钦定为御膳贡品的哦。藕与“偶”同音，因此以前人们用吃藕来祝愿婚姻美满。

大暑正值“三伏天”里的“中伏”，是一年中最炎热的时候。此时，炙热的阳光照着大地，连树叶都被烤得低下了头，只有树上的蝉还在不知疲倦地鸣叫着。

气候特点

大暑节气，显著的特点就是太阳非常大，光照强烈得让人睁不开眼睛。即使下了雨，空气中也只是多了几分潮湿的气味。大暑时的热气让户外的人们好像坐在蒸笼里一样。

农事生产

大暑节气，喜热作物自然喜欢，生长得很快乐，南方的早稻也成熟了。对于农民伯伯来说，天气再热，也要把早稻收割回去；田地里的水分都要蒸发光了，要及时给农作物浇水。

xiǎo chū jìng cí sì sòng lín zǐ fāng

晓出净慈寺送林子方

〔宋〕杨万里

bì jìng xī hú liù yuè zhōng，fēng guāng bù yǔ sì shí tóng。
毕竟西湖六月中，风光不与四时同。
jiē tiān lián yè wú qióng bì，yìng rì hé huā bié yàng hóng。
接天莲叶无穷碧，映日荷花别样红。

大暑三候

○ 初候 **腐草为萤**

腐草就是腐败的枯草。萤火虫把卵产在腐草上，大暑时节，小萤火虫破卵而出，人们误以为它们是腐草变成的。

○ 二候 **土润溽暑**

“溽”是湿润的意思。“土润溽暑”说的就是土地潮湿，天气闷热，人们好像生活在一个巨大的蒸笼里。

○ 三候 **大雨时行**

大暑时节经常会下大雨，每下完一场大雨，空气里的热气都会悄悄跑远一些。

花开大暑

○ **紫薇花**

紫薇花娇嫩动人，惹人喜爱。风儿轻轻一吹，花瓣便宛如一只只粉蝶飘落下来。

○ **睡莲花**

睡莲像一只只白玉碗，轻轻地浮在碧绿的湖面上。

○ **凤仙花**

凤仙花不怕高温，在炎热的夏天高调地伸展花枝。它的花朵好像一只只翩翩起舞的蝴蝶，有粉、红、紫、白等很多颜色。凤仙花又叫“指甲花”，采下新鲜的花瓣，捣烂后的花泥可以用来给指甲染色。

送“大暑船”

浙江沿海地区的人们在大暑这天会送“大暑船”。大暑船其实是一艘小帆船，人们将船抬到渔港，举行祈福仪式后，就把船推到海里，让它自由漂泊，有着“送暑保平安”的美好寓意。

吃仙草

大暑时节，广东人会吃仙草(学名“凉粉草”)。仙草可以做成甜品烧仙草，口感好似果冻一般，酷暑里吃上一碗，清凉可口。

喝暑羊

鲁南地区的人们在大暑日有“喝暑羊”的习俗。经过繁忙的夏收劳作后，喝上一碗鲜美的羊肉汤，再配上新麦做的馒头，可以好好补一补身子。

过大暑

福建莆田的人家有过大暑节的习俗，所谓“小暑小吃，大暑大吃”。这天大家不仅要吃荔枝、羊肉和米糟，亲友之间还会相互赠送荔枝和羊肉，当作节礼。

很多小朋友都喜欢吃西瓜，切好的西瓜飘出淡淡清香，吃上几口，舒爽痛快。西瓜可以吃到立秋后十日，之后秋瓜坏肚，小朋友们就不能多吃了。

立秋是二十四节气中的第十三个节气，也是秋天的第一个节气。“立秋之日凉风至”，立秋的到来意味着收获的时刻即将来临。

气候特点

立秋时节，中国大部分地方还没有完全进入秋天的气候。不过，白天和晚上的温度已经有了明显不同。早晨和夜晚开始变得有点凉快，白天却暑气未消，依旧炎热。立秋后常常会有一段短期回热的天气，人称“秋老虎”。

农事生产

立秋到了，农民伯伯又要开始忙碌的农事活动了。“秋”有农作物成熟的含义。秋天来临，农作物的果实开始成熟，秋收作物即将进入重要的生长时期。

qiū xī
秋夕

〔唐〕杜牧

yín zhú qiū guāng lěng huà píng
银烛秋光冷画屏，
qīng luó xiǎo shàn pū liú yíng
轻罗小扇扑流萤。
tiān jiē yè sè liáng rú shuǐ
天阶夜色凉如水，
zuò kàn qiān niú zhī nǚ xīng
坐看牵牛织女星。

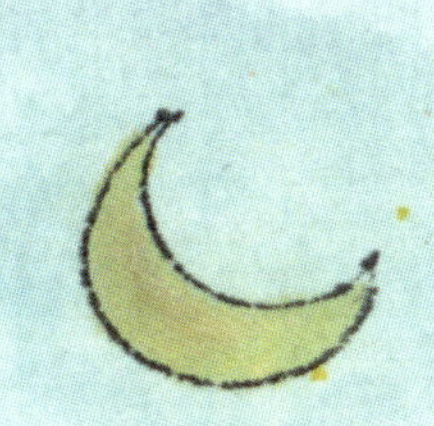

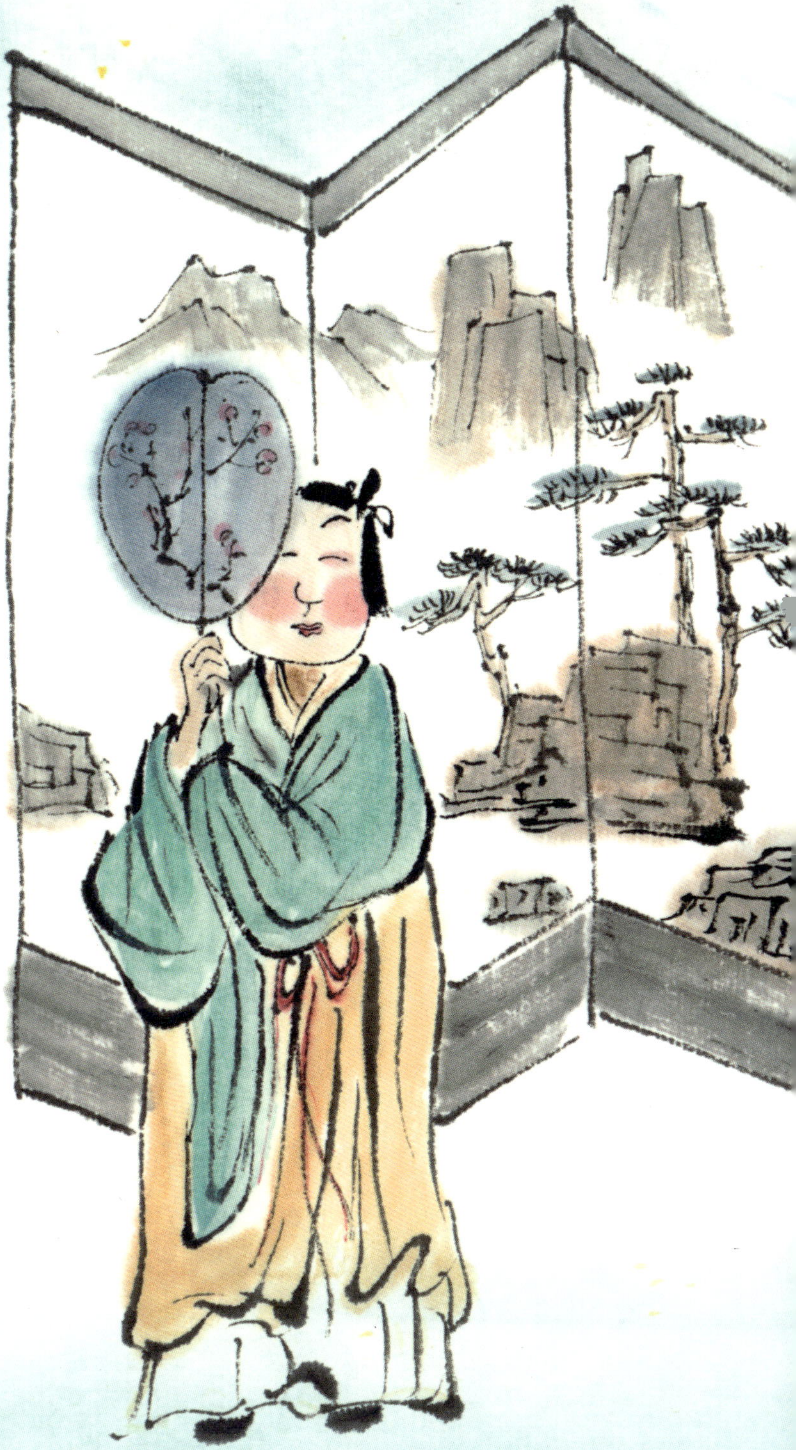

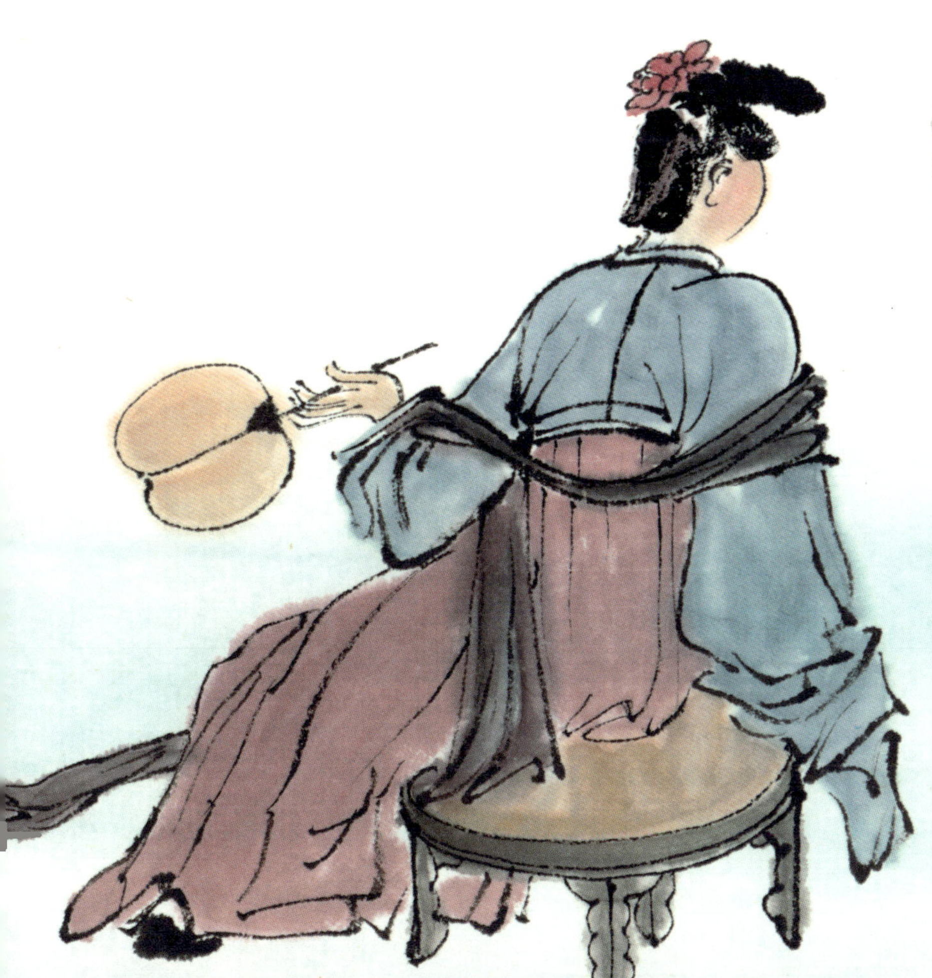

立秋三候

○ 初候 **凉风至**

立秋时节，早晚有微风吹过，已经不像夏天时风带着热气，让人感觉凉爽了许多。

○ 二候 **白露降**

清晨已经开始有雾，雾气悄悄地凝结在草叶上，变成一颗颗晶莹的露珠。

○ 三候 **寒蝉鸣**

寒蝉是立秋之后叫声低微的蝉。秋日里寒蝉在微风中悠闲地鸣叫，不再像夏蝉那样放声高歌。

花开立秋

○ 玉簪（zān）花

“琉璃为叶玉为葩，妙质天然不汝瑕。”白色的玉簪花，花苞小巧可爱，娇俏地开放在枝梢。

○ 铁线莲

每逢花期，铁线莲的每根枝条上都有十几朵花在绽放，茎枝缠绕在一起，数不清的花朵像倾泻而下的瀑布一样壮观。

○ 向日葵

立秋时，向日葵开得很灿烂。圆圆的花盘，金黄色的花瓣，随着太阳东升西落而转动。再过一段时间，花盘里就会长出一颗颗葵花子，葵花子炒熟后又香又脆，可好吃了。

晒秋

立秋时节，江西篁（huáng）岭一带进入晒秋旺季。农民伯伯利用房前屋后的空地，晒起辣椒和玉米。

贴秋膘

夏天天气炎热，人们胃口差，可能会变瘦。秋天一到，天气转凉，大家的胃口都好了不少，可以吃些炖肉补一补，贴一贴秋膘！

吃豆渣

“吃了立秋的渣，大人孩子不呕也不拉。”山东一带的人们有立秋吃豆渣的习俗，他们一般会将豆渣和青菜一起炒着吃。

当节气遇到节日：七夕

立秋前后是农历七月初七，也叫七夕。传说七夕是牛郎与织女在天上相会的日子。民间不少青年男女在这天谈情说爱，共结百年之好。在过去，七夕之夜，女子拿着五色丝线和连续排列的九孔针，迎着月光，能将线全部快速穿过的人被称为“得巧”。

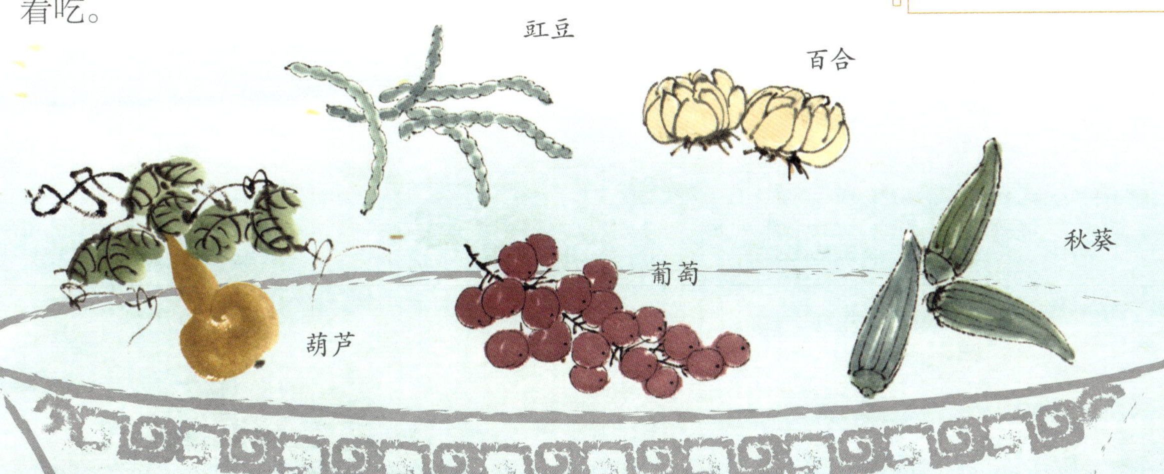

身如鼓的葫芦、紫莹莹的葡萄、碧绿的秋葵都有滋润的功效，适合在干燥的立秋吃。秋葵口感清新，有特殊的香气，小朋友可以尝试一下哦。

处暑的“处”是停止、休息的意思，所以“处暑”的意思是炎热的夏天就要结束了。这个节气代表气候进入从热到冷的过渡时期。

气候特点

处暑时节，小朋友们可以感受到室外温度明显下降，天气从炎热转变为凉爽。这个时候，阳光不再那么刺眼，雨水也变得少了，空气好像更干燥了。

农事生产

处暑时节，庄稼快要成熟，马上就要秋收啦。南方种植的中稻可以收割了，农民伯伯趁着天气晴朗，还会把稻子拿出来晾晒。

shān jū qiū míng

山居秋暝（节选）

〔唐〕王维

kōng shān xīn yǔ hòu
空 山 新 雨 后，
tiān qì wǎn lái qiū
天 气 晚 来 秋。
míng yuè sōng jiān zhào
明 月 松 间 照，
qīng quán shí shàng liú
清 泉 石 上 流。

处暑三候

○ 初候 鹰乃祭鸟

老鹰开始大量捕猎其他鸟类，不过不急着吃，它会把捕来的鸟依次排好，像是在举行祭祀仪式。

○ 二候 天地始肃

天气变凉，万物开始凋零，大自然充满肃杀萧瑟的氛围。

○ 三候 禾乃登

“禾”指黍、粟、稻、高粱等谷物，“登”指成熟。此时，地里的谷物就等着农民伯伯来收割了。

花开处暑

○ 鼠尾草

鼠尾草的叶子是深绿色的，紫色的小花朵素雅有幽香。远远看去，一片草色中点缀着星星点点的紫色。

○ 茑萝花

茑萝花就像红色的五角星，颜色艳丽，小巧玲珑，因此有人称它“五星花”。

○ 彼岸花

鲜红的彼岸花迎着夏末秋初的清风独自盛开，美丽动人。彼岸花学名石蒜，特点是“花开不见叶，叶生不见花”。秋末，彼岸花谢的时候叶子开始生长，等到来年夏末，叶子凋落，花又开了。

出游迎秋

处暑秋意正浓，气温适宜，正是人们畅游郊野、迎秋赏景的好时节。过去有“七月八月看巧云”的说法，说的正是出游迎秋看景。

吃老鸭

处暑时节，雨水变少，人们会觉得皮肤、口鼻有点干燥。此时人们都爱吃一些清热润燥的食物，如老鸭汤。

喝药茶

广东和广西地区的人们在处暑的时候有煲药茶喝的习俗。因为当地在处暑之后天气仍然闷热，人们便会去中药房配好药方，回家煲药茶喝。

当节气遇到节日：中元节

处暑前后是农历七月十五中元节。古时候，人们在中元节会用丰收的粮食祭拜先祖。晚上，一盏盏河灯顺水漂流，人们借此表达对已故亲人的思念。

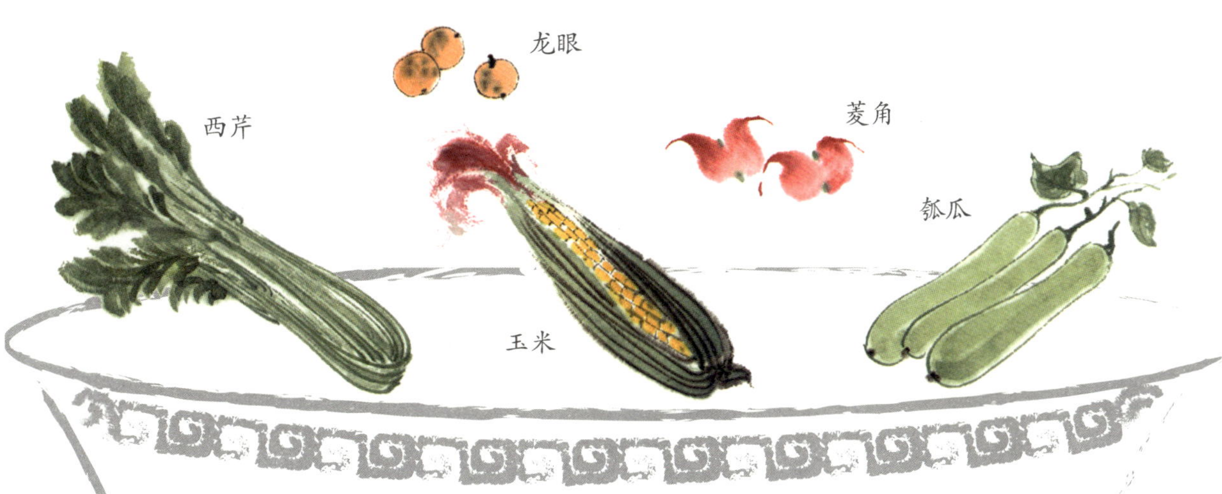

处暑时，新鲜的龙眼成熟上市。龙眼虽然个头小小的，但是营养丰富。小朋友们可以试试将新鲜的龙眼剥壳后泡在粥里吃，味道甘甜可口。

“蒹葭苍苍，白露为霜。”白露时节，白天和晚上的气温相差很多，靠近大地的水蒸气一遇冷就变成小水珠，凝结在花草树木上，在阳光的照耀下显得晶莹无瑕。

气候特点

“白露秋风夜，一夜凉一夜。”北方的冷空气慢慢向着南方推进，气温下降得更快，暑气已经被冷空气悄悄地赶跑。现在是一年中白天和夜晚气温差别最大的时候。

农事生产

白露不仅是收获的时节，也是播种的时节。现在，东北的秋季作物已经成熟，高粱、大豆、谷子都可以收割了，白白软软的棉花也能摘了，冬小麦要种起来了。南方的晚稻即将成熟，一年丰收在望。

月夜忆舍弟（节选）

yuè yè yì shè dì

〔唐〕杜甫

shù gǔ duàn rén xíng
戍鼓断人行，

qiū biān yí yàn shēng
秋边一雁声。

lù cóng jīn yè bái
露从今夜白，

yuè shì gù xiāng míng
月是故乡明。

白露三候

○初候 鸿雁来

北方天气变凉，仰望天空，人们会发现鸿雁或排成一字形，或排成人字形，有秩序地飞往南方过冬。

○二候 玄鸟归

对应于春分日，此时燕子感受到寒意，迫不及待地和家人一起飞去南方，寻找温暖的地方过冬。

○三候 群鸟养羞

这里的“养”是指储存、蓄养；“羞”同“馐”，指美味的食物。此时，喜鹊、麻雀等一些留在北方的鸟都在忙着储存食物，做好过冬的准备。

花开白露

○夹竹桃

夹竹桃的花瓣弯而有力，叶子挺而柔软。花朵有白有粉，白的如雪，洁白无瑕；粉的似霞，玲珑多娇。

○昙花

月光下，昙花轻轻颤动着，花瓣慢慢翘起，雪白色的外衣轻轻打开。昙花一般在夜晚开放，人们用“昙花一现”来形容它花期短暂，从绽放到凋谢往往只有几个小时。

○葱莲花

秋天到了，人们常常能在路边或花坛的一角看到葱莲花默默无闻的身影。洁白的花朵在丛丛绿叶的衬托下显得更加纯净，把秋天点缀得格外美丽。

吃“十样白”

浙江温州等地的人们在白露这天会采集“十样白”（十种带“白”字的草药）来煨乌骨鸡汤，用来进补。

酿白露酒

白露时节，湖南一带的人们有用糯米、高粱等五谷酿酒的习俗。白露酒又叫“白露米酒”，是招待客人的佳品。

祭大禹

治水英雄大禹被太湖渔民尊为“水路之神”。每年白露时节，当地都会举行盛大的祭祀活动，人们会给大禹献上捕捞的第一条肥鱼，祈求在捕捞季能获丰收。

喝白露茶

白露茶深受南方老茶客的喜爱。白露前后，茶树生长得最好。此时，采下茶叶炒制成白露茶，冲泡后会有一股特殊的清香。

白露时节，天气有些冷，这个时候很适合吃热乎乎的烤红薯。撕开烤红薯薄薄的一层外皮，香甜气味扑面而来，吃起来口感绵软甘甜。

秋分是二十四节气中的第十六个节气，表示秋天已经过去了一半。同春分一样，到这一天，白天与夜晚的时间长短是一样的。从2018年起，每年的秋分日被设立为“中国农民丰收节”。

气候特点

秋分时节，中国大部分地方都已经进入秋天。往南走的冷空气和慢慢离开的暖湿空气相遇，带来了少量的雨水，气温明显下降，到了“一场秋雨一场凉”的时候。小朋友们要听爸爸妈妈的话，及时添加衣物。

农事生产

现在正是秋收、秋耕、秋种的大忙时期。北方的农民伯伯忙着收麦子、摘棉花、种冬小麦；南方的农民伯伯忙着种油菜、收晚稻，农事活动忙碌又充实。

diǎn jiàng chún　jīn qì qiū fēn

点绛唇·金气秋分

〔宋〕谢逸

jīn qì qiū fēn，fēng qīng lù lěng qiū qī bàn。liáng chán guāng mǎn，guì zǐ piāo xiāng yuǎn。

金气秋分，风清露冷秋期半。凉蟾光满，桂子飘香远。

sù liàn kuān yī，xiān zhàng míng fēi guān。ní cháng luàn，yín qiáo rén sàn，chuī chè zhāo huá guǎn。

素练宽衣，仙仗明飞观。霓裳乱，银桥人散，吹彻昭华管。

秋分三候

○ 初候 **雷始收声**

从秋分日开始，雨少了，也不再打雷和闪电了，小朋友们可能会很久都听不到雷声了。

○ 二候 **蛰虫坯户**

“坯”是细土的意思。天气变冷，小虫子也感受到了寒气，有些开始钻到洞里，用细沙土封住洞口以避寒，准备冬眠。

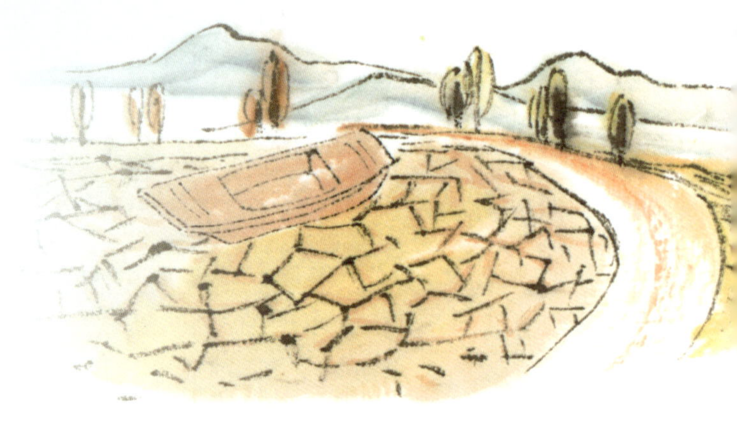

○ 三候 **水始涸**

秋分之后，雨水少了很多，天气也更加干燥，一些小河和池塘慢慢地干涸。

花开秋分

○ **桂花**

桂花虽小，却散发清香。阵阵秋风吹过，金黄色的小花迎风飘动，花香沁人心脾。

○ **凌霄花**

“满地凌霄花不扫，我来六月听鸣蝉。”凌霄花开，从夏至秋，生机勃勃，诗意盎然。

○ **三角梅**

三角梅的花朵颜色各异，有粉色、紫色、白色等，五彩缤纷。

送秋牛

过去，秋分时节民间有挨家挨户送秋牛图的习俗。把印有全年节气和农夫耕田图样的秋牛图送到每户人家，寓意秋耕吉祥。

祭秋月

秋分曾是传统的“祭月节”。以前，人们朝着月亮的方向摆上月饼、苹果、红枣、葡萄等食物，祈求月神保佑。

吃秋菜，喝秋汤

秋分这天，岭南地区的人们将采回的野菜和鱼片同煮，叫作“秋汤”，有“喝了秋汤，平安健康”的寓意。

当节气遇到节日：中秋节

和秋分日相近的节日是农历八月十五中秋节。这天晚上，月亮就像一个又亮又圆的大玉盘，人们期盼一家团聚，像月亮一样团团圆圆，于是又把中秋节叫作“团圆节”。人们在这一天有吃月饼、赏月的习俗，大人也常常会在这天给小朋友们讲关于月亮的神话故事。

到了秋分时节，在市场上能看到饱满的石榴、圆圆的冬枣、翠绿的菠菜……菠菜吸收了夏秋两季的营养，鲜嫩美味。

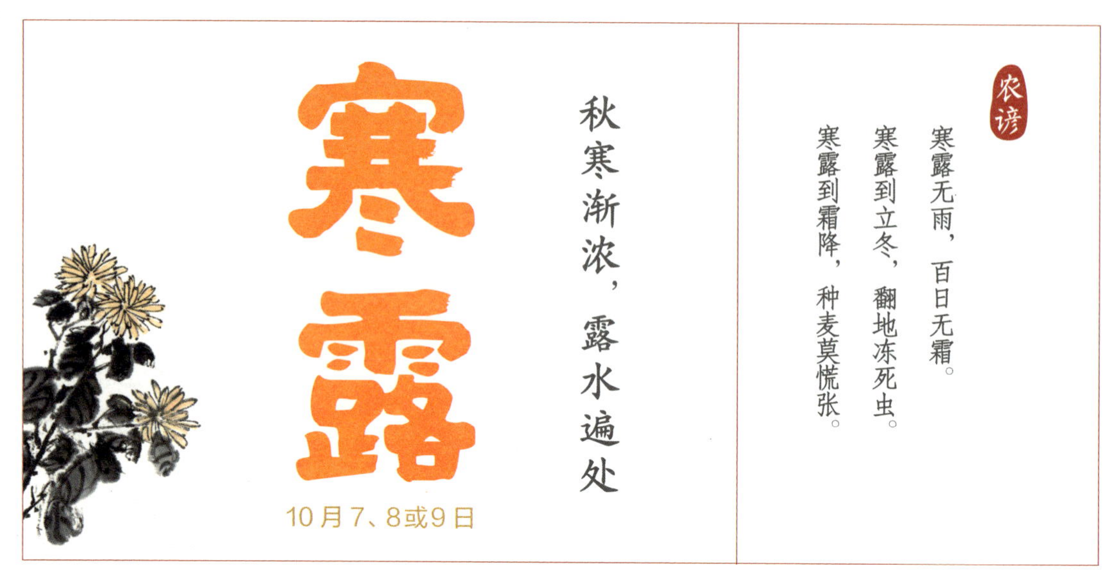

“寒露寒露，遍地冷露。”现在，气温比白露时节更低，开始变得寒冷，地上的露水快凝结为霜，发出微微的寒光，因此得名“寒露”。

气候特点

寒露时节，天气从凉爽变得有些寒冷，北方都已进入秋天，东北进入深秋，而西北一些地方快要进入冬天；南方气温继续下降，晚上往往凉气袭人。

农事生产

寒露时节，北方的冬小麦要继续播种，同时玉米成熟，要收获了；南方的晚稻已到成熟期，即将开始收割。各地的农民伯伯又开始忙碌起来。

mù jiāng yín

暮江吟

〔唐〕白居易

yí dào cán yáng pū shuǐ zhōng
一 道 残 阳 铺 水 中，

bàn jiāng sè sè bàn jiāng hóng
半 江 瑟 瑟 半 江 红。

kě lián jiǔ yuè chū sān yè
可 怜 九 月 初 三 夜，

lù sì zhēn zhū yuè sì gōng
露 似 真 珠 月 似 弓。

寒露三候

○ 初候 鸿雁来宾

从白露开始，大雁就往南飞了，一直到寒露，最后一批大雁也要飞往南方了。早到的大雁是主人，迎接后到的大雁宾客。

○ 二候 雀入大水为蛤

雀鸟都躲起来冬眠，海边出现了条纹色泽与雀鸟相似的蛤蜊，人们以为是雀鸟变的。

○ 三候 菊有黄华

“华”就是花的意思，黄色的菊花在萧瑟的秋风中盛开，成为寒冷秋日里一道亮丽的风景线。

花开寒露

○ 芦花

芦花是芦苇的花。那毛茸茸的芦花，远看是一片雪白，近看却是不同的颜色，有奶白、微红，还有淡青。

○ 灯笼花

灯笼花又叫倒挂金钟花，它的茎是红绿交错的，两边并排长着绿似翡翠的叶子，枝头倒挂着朵朵粉红色的花。

○ 菊花

多种颜色、多样姿态的菊花迎着秋风盛开，它不畏寒冷的品质从古到今深受人们喜爱。

秋钓边

在南方，寒露时节的阳光照不到深水区，鱼儿们就会向岸边的浅水区游动，很容易被钓上来，因此有“秋钓边”的说法。

喝菊花酒

菊花酒是由菊花、糯米加上酒曲酿制而成的，古时候又称“长寿酒”。边赏菊边喝菊花酒，多么惬意呀。

吃螃蟹

寒露时节，螃蟹肥美，尤其是苏州阳澄湖的螃蟹。中国人自古就有寒露吃螃蟹的习俗，原汁原味的清蒸螃蟹营养价值很高。

当节气遇到节日：重阳节

寒露前后是农历九月初九重阳节。以前，在重阳节这天，人们有登高、赏菊、喝菊花酒、插茱萸、吃重阳糕等习俗。这个时候，天气晴好，秋高气爽，很适合出门登高望远。

寒露到了，天气开始转凉，这个时候可少不了热乎乎的糖炒板栗。剥开板栗坚硬的壳，就能吃到里面软糯香甜的栗肉了。

霜降是秋天的最后一个节气。现在，小朋友们可能会看到树上的叶子、路边的草丛悄悄地铺上了一层霜花或细细的冰针，这是气温降到0℃以下，露水凝结而成的。古人认为霜是从天上降下来的，因此称这个节气为“霜降”。

气候特点

霜降时节，天气越来越冷。南方白天和晚上的温差越来越大；北方部分地区气温已经降到0℃以下，大地呈现一片深秋的景象。

农事生产

霜降时节，北方的秋收差不多结束了，作物也不再生长，即使是耐寒的葱也缩在土里不冒头了；南方的农民伯伯还在收割水稻、摘棉花、栽油菜。初霜越早出现，对作物的危害越大，因此要及时播种。

shān xíng

山行

〔唐〕杜牧

yuǎn shàng hán shān shí jìng xié
远上寒山石径斜，

bái yún shēng chù yǒu rén jiā
白云生处有人家。

tíng chē zuò ài fēng lín wǎn
停车坐爱枫林晚，

shuāng yè hóng yú èr yuè huā
霜叶红于二月花。

霜降三候

○ 初候 豺乃祭兽

霜降时节，豺狼开始大量捕获猎物准备过冬，它们把猎物依次排好，好像要祭拜一样。

○ 二候 草木黄落

秋风吹过，百草枯黄，树叶飘落，像是给大地铺上一层金黄色的毯子，满眼都是萧瑟凋零的景象。

○ 三候 蛰虫咸俯

蛰居的小虫子们感受到寒意，纷纷钻到洞里，趴在那儿不吃不喝，开始安静地冬眠。

花开霜降

○ 迷迭香

晚秋，花园中往往会飘荡一种特别的、淡淡的香味，似松柏但更清新，赛薄荷而更优雅，这便是迷迭香的味道。

○ 百日菊

百日菊是菊花的一种，从夏天到霜冻时节，花朵陆续开放，能长期保持鲜艳的色彩。更有趣的是，百日菊的花一朵比一朵开得高，所以又得名“步步高”。

○ 木芙蓉

木芙蓉在晚秋开始盛放，饱受霜侵却丰姿艳丽，占尽深秋风情，因此又叫“拒霜花”。

拔萝卜

山东一带的人们有霜降拔萝卜的习俗，这时田里的萝卜正赶上收获的时候。如果在霜降之后再拔，萝卜就要被冻坏了。

吃兔肉

古时候有霜降吃“迎霜兔肉”的习俗。“迎霜兔肉”就是秋天经霜的兔肉，味道鲜美，营养价值高。

捡桑叶

霜降时节，很多地方的人们会收集被霜打落在地上的桑叶。据说，打了霜的桑叶有很好的药用价值，做成吃的食用可以延年益寿，煮水泡脚可以疏风祛湿。

吃柿子

俗话说“霜降吃柿子，冬天不感冒”。被霜打过的柿子又红又甜，可以直接吃，也可以晒干了做成柿饼。

香甜的无花果、百香果，还有橘红色的柿子为霜降节气增添更多美好体验。嗓子不舒服的时候可以吃一点，它们都是止咳的好帮手。

立冬是二十四节气中的第十九个节气，也是进入冬天的第一个节气。“立”是建立、开始的意思，“立冬”是指冬季开始了。此时，万物冬藏，秋天的农作物晒完后存入仓库，动物们也都藏起来准备过冬。

气候特点

立冬时节，中国大部分地方都变冷了，北方比南方气温更低一些。雨水也更少了，还很容易出现大雾天气。

农事生产

立冬时节，北方的秋收作物都已经晒好并收藏入库。江南地区的农民伯伯正忙着播种冬小麦，抓紧移栽油菜。在耕地播种的同时，农民伯伯还不忘做好冬季农作物的防冻工作。

zèng liú jǐng wén
赠刘景文

〔宋〕苏轼

hé jìn yǐ wú qíng yǔ gài
荷尽已无擎雨盖，
jú cán yóu yǒu ào shuāng zhī
菊残犹有傲霜枝。
yì nián hǎo jǐng jūn xū jì
一年好景君须记，
zuì shì chéng huáng jú lǜ shí
最是橙黄橘绿时。

立冬三候

○ 初候 **水始冰**

各地气温迅速下降，北方部分河流开始结冰，但冰层比较薄。

○ 二候 **地始冻**

天气越来越冷，连土里的水也开始结冰，大地因此冻结变硬，但还没有冻得硬邦邦的。

○ 三候 **雉入大水为蜃**（shèn）

“雉”是野鸡一类的鸟，“蜃”是大蛤。入冬后，野鸡躲起来过冬，海边却出现了花纹颜色与之相似的大蛤，于是古人以为是野鸡变成了大蛤。

花开立冬

○ **寒兰**

寒兰是寒冬献艳吐芳之兰，迎着寒霜悄悄地绽放，朝鲜族尊寒兰为“兰花之王”。

○ **茶梅**

“花开春雪中，态较山茶小。”茶梅因叶似茶、花如梅而得名，它体态娇小秀丽、叶形雅致、花色艳丽。

○ **一品红**

花色鲜艳的一品红在冬天来临之际盛开。一品红花期很长，在万物萧条的季节，室内放上几盆一品红可以增加喜庆的气氛。

贺冬

古时候，人们会在立冬这天换上新衣服，团聚在一起庆贺冬天的到来，希望可以顺利度过冬季，来年丰收兴旺。

补冬

民间有“立冬补冬，不补嘴空”的说法。冬季天寒，需要吃些高热量的食物来抵御寒冷，因此过去人们会在立冬这一天进补大鱼大肉。

吃饺子

北方有立冬吃饺子的习俗。因为饺子外形像耳朵，人们认为吃了它，冬天就不会冻耳朵了。

药膳进补

福建一带的人们会在立冬时节吃药膳进补。人们杀鸡宰鸭，加入中药材一起炖，煮出浓汤；还会把人参切片，包在肉中一起炖。

吃甘蔗

“立冬食蔗齿不痛”，潮汕地区的人们在立冬时节要吃甘蔗，人们相信这样可以保护牙齿，还有滋补的功效。

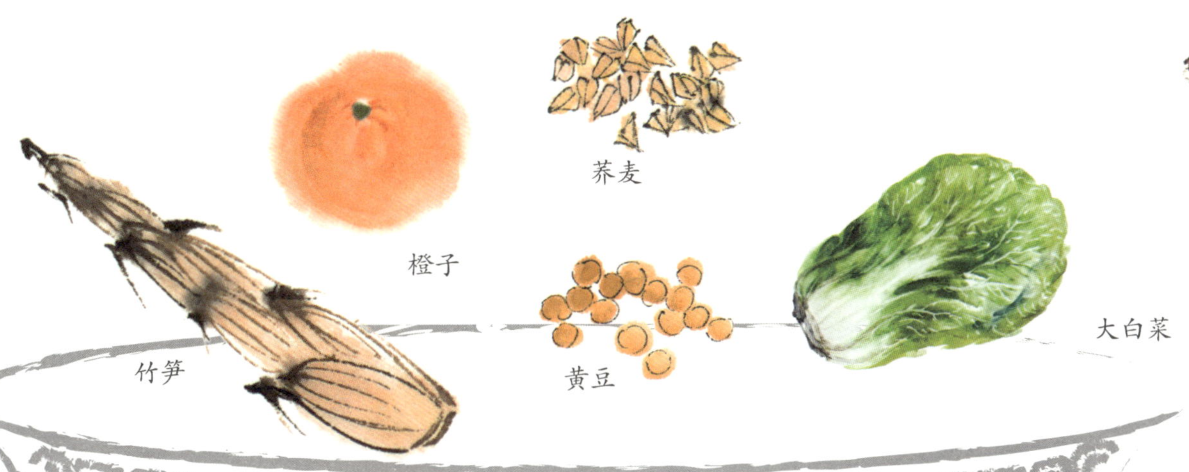

碧绿的大白菜不仅营养丰富，而且耐储存。立冬到来，新鲜的大白菜吃起来口感脆脆嫩嫩，味道更美。

小雪

雪花初飘，落地无踪

11月22或23日

农谚

地不冻，犁不停。

到了小雪节，果树快剪截。

小雪不怕小，扫到田里就是宝。

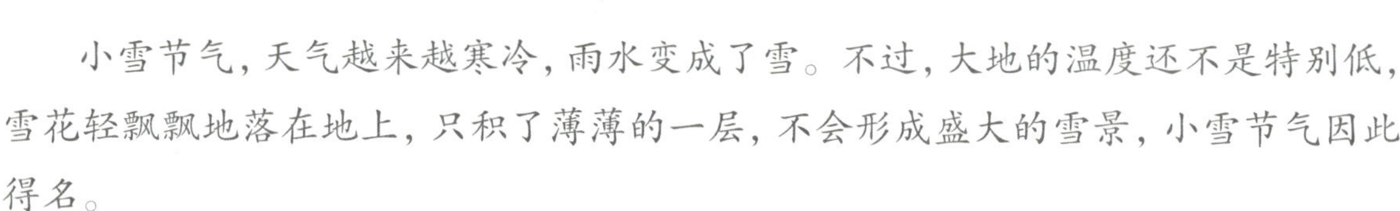

小雪节气，天气越来越寒冷，雨水变成了雪。不过，大地的温度还不是特别低，雪花轻飘飘地落在地上，只积了薄薄的一层，不会形成盛大的雪景，小雪节气因此得名。

气候特点

小雪节气，寒潮频繁出现。北方已进入寒冰封冻的时节，此时会出现入冬以后的第一场雪；南方一部分地区则会晚一点降雪，另一部分地区则冬天无雪。这时候雪量不大，积雪很容易融化，有时会是雨夹雪。

农事生产

小雪时节，没有庄稼可以种了。这个时候，南方的农民伯伯最重要的工作就是帮助农作物防寒，让它们顺利度过寒冷的冬天。一些收获的蔬菜也要及时储存起来。

féng xuě sù fú róng shān zhǔ rén
逢雪宿芙蓉山主人

〔唐〕刘长卿

rì mù cāng shān yuǎn, tiān hán bái wū pín.
日暮苍山远，天寒白屋贫。

chái mén wén quǎn fèi, fēng xuě yè guī rén.
柴门闻犬吠，风雪夜归人。

小雪三候

○ 初候 虹藏不见

小雪时节，气温很低，北方开始下雪，且很少下雨。因此，彩虹就藏起来看不见了。

○ 二候 天气上升，地气下降

在古人眼中，天代表着阳气，地代表着阴气。此时天气寒冷，天的阳气上升，大地的阴气下降，导致阴阳不交，天地不通。

○ 三候 闭塞而成冬

天地不通，大地变得沉寂起来，万物也失去了生机，寒冷的冬天真正开始了。

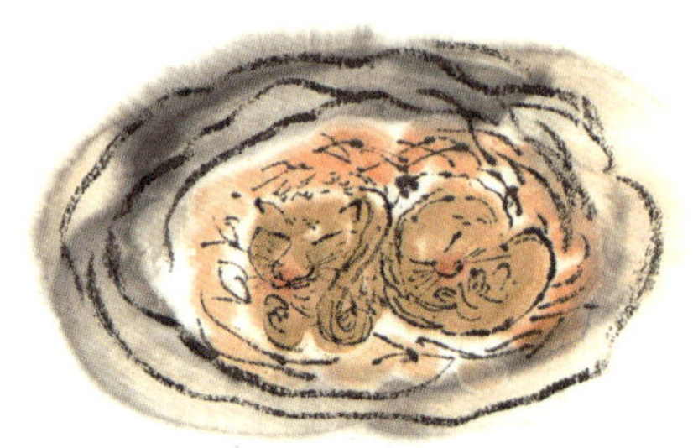

花开小雪

○ 大丽花

大丽花花瓣层层叠叠，每一片花瓣都是红彤彤的，花心是金灿灿的，叶子是绿油油的。丰富鲜艳的色彩搭配让大丽花格外迷人。

○ 蟹爪兰

蟹爪兰的花瓣很长很尖，好似螃蟹的爪子一般，可以从11月一直开到来年1月。

○ 洋紫荆

洋紫荆的花朵貌似兰花，每年11月至次年3月绽放，紫色花朵密密层层地缀满枝条，非常娇艳。

吃涮肉

小雪节气，北方的人们有吃涮肉的习俗。将温补的牛肉、羊肉放进火锅里，煮熟后趁热吃，身体很快就会暖和起来。

杀年猪

西南地区的人们在小雪时节会举行“杀年猪，迎新年”的活动。宰杀掉养了一年的猪，人们可以吃上新鲜美味的猪肉。

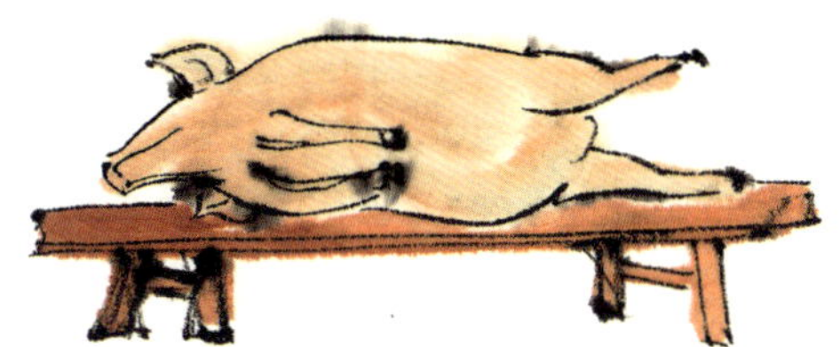

吃糍粑

南方的人们有小雪吃糍粑的习俗。比如，云南昆明人会将蒸熟的糯米捣碎，做一锅热气腾腾、香甜软糯的糍粑。

腌菜

小雪时节也是腌菜的好时机。人们将新鲜的蔬菜洗干净，放到腌菜坛子里加盐腌制起来，过半个月就能取出来吃，口感酸爽。

小雪之时，寒潮频发，圆鼓鼓的土豆看上去很不起眼，但煮熟了以后又软又香。小朋友们在冬天吃些土豆，能快速补充能量，让身体暖洋洋的。

这个时候，天气比之前更加寒冷，下雪的次数明显增多，范围也比小雪时候更广，因此得名“大雪”。家长和小朋友们都要注意防寒保暖。

气候特点

大雪时节，中国大部分地方的最低温度都已经降到0℃以下。北方常常出现雾凇，树枝被雾凇包裹着，整棵树看上去就像披了一头银白色的长发；南方则容易出现冻雨和雾霾。

农事生产

大雪节气，北方田野里堆起厚厚的积雪；南方地区的小麦、油菜还在慢慢地生长，农民伯伯要给地里的农作物施肥排水，帮助它们安全越冬，来年春天鼓足劲儿长大。

jiāng xuě

江雪

〔唐〕柳宗元

qiān shān niǎo fēi jué wàn jìng rén zōng miè

千山鸟飞绝，万径人踪灭。

gū zhōu suō lì wēng dú diào hán jiāng xuě

孤舟蓑笠翁，独钓寒江雪。

○ 三候 **荔挺出**

荔挺是一种草。大雪时节，它抽出新芽，开始生长，坚强地与严寒抗争。

大雪三候

○ 初候 **鹖（hé）旦不鸣**

“鹖旦”就是寒号鸟，即复齿鼯鼠。大雪时节，天气寒冷，厚厚的雪封住了山，山里的鹖旦不再鸣叫。

○ 二候 **虎始交**

大雪时节正是老虎寻找伴侣的时刻，因为它们要准备孕育虎宝宝了。

花开大雪

○ **角堇**

角堇又叫小三色堇，花朵小巧玲珑，花色绚丽，花瓣上常有点点花斑，有时上瓣和下瓣的花色都不一样，缤纷多姿。

○ **藏红花**

藏红花也叫番红花，耐冻性极强。它夏季休眠，冬季开放，冰天雪地里依旧可以开花，是一种非常昂贵的中药材。

○ **仙客来**

仙客来花形别致，烂漫多姿，有的品种还有浓郁的香气，很适合养在家里，为寒冷的冬天点缀一丝明媚。

兑糖儿

旧时的浙江温州，每到大雪节气，街头就会出现“兑糖儿”的场景，小朋友们会将家里可回收的废品拿去跟卖糖的小贩换饴糖吃。

吃红枣糕

陕西人在大雪节气最爱吃红枣糕。红枣糕是将干红枣蒸熟，去掉皮与核，捣成枣蓉后加入面粉和白糖制作而成的。

腌肉

“小雪腌菜，大雪腌肉”是江苏一带的习俗。人们将新鲜的猪肉用盐和其他调料腌制后放于通风处晒干制成腌肉，可以存放半年甚至一年。

喝红薯粥

大雪这天，山东北部一带家家户户都会煮红薯粥喝，一碗热乎乎、甜滋滋的红薯粥下肚，雪天也不冷了。

大雪节气，香气浓郁的紫苏、鲜嫩的蒜苗、可口的雪菜上市了。小朋友们可以让爸爸妈妈做一碗鲜美的雪菜杂蔬汤，开胃又好喝。

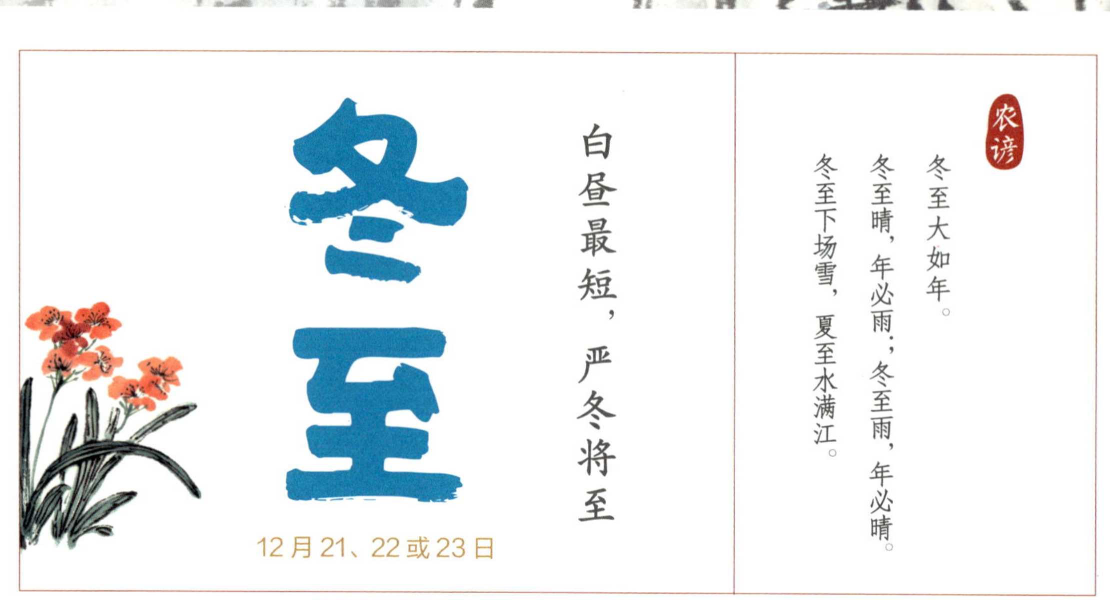

冬至这天以后，白天的时间会慢慢变长。到了冬至，很多人习惯“数九”，每九天是一个“九”，而冬至是“一九”的第一天，等数到“九九”八十一天，冬天就算结束了。

气候特点

冬至时节，全国各地进入“数九寒天”，不过南北方气温差距很大。北方大部分地方千里冰封，非常寒冷；南方平均气温仍然在5℃以上，长江以南地区更是一片菜麦青青、生机勃勃的景色。

农事生产

冬至虽然正值农闲期，但是农民伯伯还是会趁着空闲时间，做好农田的修整工作。此时正是兴修水利、积肥造肥的大好时机，可以为来年的春种做更充足的准备。

zhōng nán wàng yú xuě

终南望余雪

〔唐〕祖咏

zhōng nán yīn lǐng xiù

终 南 阴 岭 秀，

jī xuě fú yún duān

积 雪 浮 云 端。

lín biǎo míng jì sè

林 表 明 霁 色，

chéng zhōng zēng mù hán

城 中 增 暮 寒。

冬至三候

○ 初候 **蚯蚓结**

冬至时节，天气太冷，土壤里的蚯蚓蜷缩着身子睡觉，以度过寒冬。

○ 二候 **麋角解**

麋鹿角似鹿、头似马、身似驴、蹄似牛，所以俗称“四不像”。古人认为，冬至时阳气初生，麋鹿感受到天气的变化，角便脱落了。

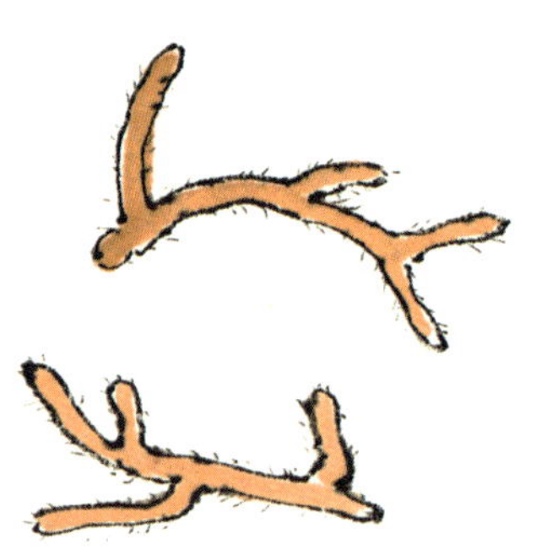

○ 三候 **水泉动**

冬至时节，没有结冰的山泉水和冰下水带着温热，潺潺流动。

花开冬至

○ **鹤望兰**

鹤望兰又叫天堂鸟，四季常青，宽大的叶子像一把撑开的伞，花形奇特，像仙鹤翘首远望，花色鲜艳。

○ **水仙**

水仙像一位清秀的姑娘，亭亭玉立。碧绿色的叶子之间，黄白色的花朵秀丽绽放。

○ **君子兰**

君子兰是温室花卉，在冬季温暖的室内会绽放出艳丽的花朵。它碧绿光亮、厚实光滑的叶片也深受人们喜爱。

画“九”

以前，民间有画“九九消寒图”的习俗。在白纸上画九枝梅花，每枝画九朵，一朵对应一天，每天画一朵，画完后春天就来了。

过冬节

“冬至大如年”，过去人们非常重视冬至，许多地方都保留庆祝冬节的特色习俗。北方的人们冬至吃饺子，苏南、浙北一带的人们冬至喜欢吃馄饨，潮汕、闽南地区的人们会在冬至这一天吃汤圆。

粘“冬节圆”

“冬节圆”就是汤圆。在潮汕地区的农村，人们吃了汤圆后，还要在家中门、窗、桌、橱、床等显眼处粘上两粒汤圆，寓意平安过冬。

九九歌

一九二九不出手，
三九四九冰上走，
五九六九沿河看柳，
七九河开，
八九雁来，
九九加一九，耕牛遍地走。

柠檬

黄花菜

海带

红豆

金橘

黄色的金橘像一只只小灯笼，好看又好吃，让寒冷的冬天充满酸酸甜甜的滋味。

小寒是一个表示气温变化的节气，“寒”就是冷，而“小”指的是天气还没有冷到极致。不过，也有一些年份，小寒的气温比大寒还要低，因此民间也有“小寒胜大寒”的说法。

气候特点

小寒时节，北方冷空气不断南下，中国大部分地方都已进入严寒时期，土壤冻住了，不少河流也封冻了。北方最冷的地方气温下降到了零下40℃，南方气温也明显下降了不少。

农事生产

小寒时节，北方田地里基本没有农活干了，农民伯伯忙碌了一年，也要好好休息一段时间了；南方的农民伯伯还要注意给小麦、油菜等作物追肥，做好保暖工作。

shān yuán xiǎo méi

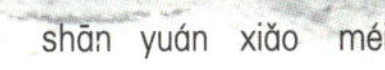

山园小梅（节选）

〔宋〕林逋

zhòng fāng yáo luò dú xuān yán　zhàn jìn fēng qíng xiàng xiǎo yuán
众芳摇落独暄妍，占尽风情向小园。

shū yǐng héng xié shuǐ qīng qiǎn　àn xiāng fú dòng yuè huáng hūn
疏影横斜水清浅，暗香浮动月黄昏。

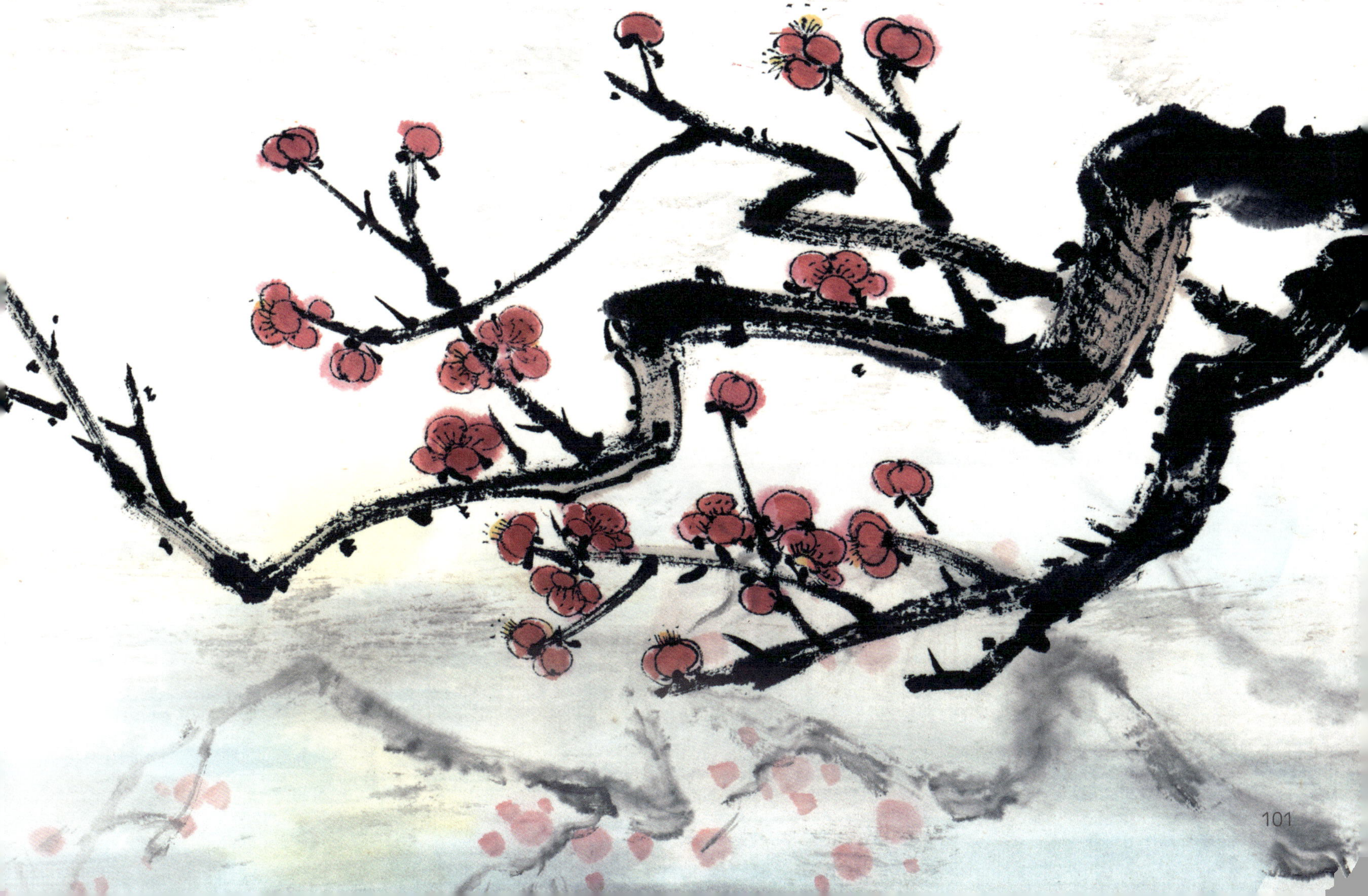

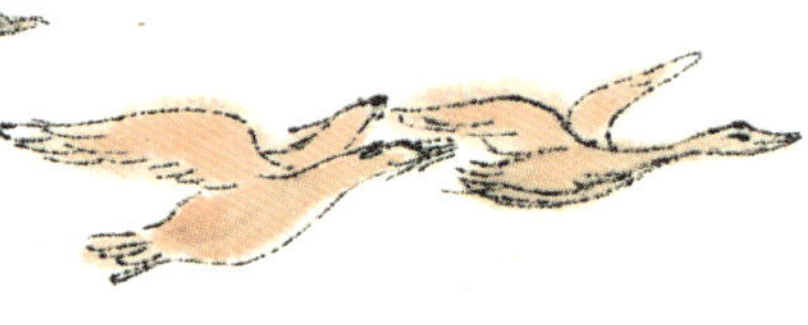

小寒三候

初候 雁北向

小寒时节，虽然天气仍然寒冷，北方还是冰天雪地，但在南方过冬的大雁开始往北飞了。

二候 鹊始巢

这个时候，北方的喜鹊也感知到了气候的变化，开始在光秃秃的树枝上筑窝，迎接春天的到来。

三候 雉始雊（gòu）

“雊”是野鸡叫的意思。到了小寒，野鸡一类的鸟鸣叫着准备求偶。

花开小寒

蜡梅

蜡梅与梅是不同的品种。蜡梅花朵亮黄，花瓣表面像涂了一层蜡一样，散发着幽香。

山茶

小寒时节，红、白、黄等色山茶花在寒风里绽放，点缀了沉寂的冬日，所以山茶有一个别名叫“耐冬”。

款冬

款冬在岁末年初开花，有“九九花”的别名。它的花朵小小的、毛茸茸的，是灿烂的金黄色的。

煮梅花茶

湖北一带有小寒煮梅花茶的习俗。采下新鲜的梅花煮成浓香的梅花茶，据说小寒时喝了来年就会少生病。

吃菜饭

小寒这天，江苏南京人会将矮脚黄(一种短梗青菜)、咸肉片、香肠片、板鸭丁与糯米一起煮成菜饭，味道香鲜可口。

当节气遇到节日：腊八节

小寒前后是农历十二月初八腊八节，这一天有喝腊八粥、泡腊八蒜的习俗。人们把大米、小米、红枣、红豆、莲子等食材一起熬煮，做成营养丰富、香甜可口的腊八粥，既庆祝丰收，又希望在新的一年里能有好收成。

吃黄芽菜

天津人在小寒时节有吃黄芽菜的习俗。黄芽菜是大白菜的别称，小寒时的大白菜吃起来脆嫩鲜美。

小寒在“三九”前后，所谓“三九补一冬，来年无病痛”，小朋友们在小寒时节喝碗热腾腾的菌菇汤，身体会更强壮哦。

大寒是二十四节气中的最后一个节气，也算是一年的终点。大寒可以说是一年中最冷的时节。不过，寒冷到达极致，意味着充满生机的春天就要来临。

气候特点

大寒时节，寒潮出现最频繁，中国大部分地方都进入了一年中最寒冷的时期，也是一年中雨水最少的时期。此时，北方一片天寒地冻的景象，南方也是一样。

农事生产

大寒时节，中国各个地方的农事活动都很少。不过，农民伯伯要开始为春耕做准备了，北方地区开始积肥、堆肥，南方地区要做好田间管理。岭南一带会在大寒时节捉田鼠，防止它们在日后偷吃庄稼。

dà hán yín

大寒吟

〔宋〕邵雍

jiù xuě wèi jí xiāo, xīn xuě yòu yōng hù.
旧雪未及消，新雪又拥户。

jiē qián dòng yín chuáng, yán tóu bīng zhōng rǔ.
阶前冻银床，檐头冰钟乳。

qīng rì wú guāng huī, liè fēng zhèng háo nù.
清日无光辉，烈风正号怒。

rén kǒu gè yǒu shé, yán yǔ bù néng tǔ.
人口各有舌，言语不能吐。

大寒三候

○ 初候 **鸡始乳**

大寒时节，春天的脚步更近了。在南方一些地方，母鸡开始孵化小鸡。

○ 二候 **鸷鸟厉疾**

“鸷鸟”是指凶猛的鸟，如老鹰。此时，老鹰等一些凶猛的鸟类在天空中盘旋，捕食猎物，以补充能量，抵御寒冷。

○ 三候 **水泽腹坚**

大寒时节，天气寒冷到北方一些河流中央也结冰了，冰层厚且结实。

花开大寒

○ **瑞香**

大寒时节，红色、白色、紫色的瑞香不畏严寒地盛开，香气浓郁。

○ **紫花凤梨**

紫花凤梨小巧玲珑，花苞色彩鲜丽，好像粉红色的麦穗，能开很久，很适合放在家里养护。

○ **山矾**

山矾是一种中药，枝叶四季常青，在春节期间开花，花开如雪似云，浮于枝头叶间，带有怡人的清香。

糊窗户

“二十四，扫房子；二十五，糊窗户”是天津地区的民谣。过去的窗户都是糊上一层纸，一年下来风吹雨打，难免会破损，因此过年前一定要糊上新窗户纸，寓意糊上新年的好盼头。

过小年

腊月二十三或二十四叫小年。小年这天，家家户户院里院外打扫卫生，贴上窗花，干干净净、喜气洋洋地迎接新年。

吃八宝饭

大寒这天，浙江人会将糯米、红枣、薏米、百合等蒸熟，浇上蜂蜜或糖汁，撒上桂花，做成香喷喷的八宝饭。

尾牙宴

每年的腊月十六叫“尾牙”。福建和台湾地区做生意的人会在这一天摆下丰盛的宴席，款待为自己辛苦工作了一年的员工，叫作“尾牙宴”。

荸荠营养丰富，有“地下雪梨”的美誉。大寒时节的荸荠脆嫩多汁，可以做成清甜可口的荸荠汤。

图书在版编目（CIP）数据

节气中国：国学彩绘版 / 黄健绘；汉竹编著 .—南京：江苏凤凰科学技术出版社，2024.05
ISBN 978-7-5713-3988-3

Ⅰ.①节… Ⅱ.①黄… ②汉… Ⅲ.①二十四节气－儿童读物 Ⅳ.① P462-49

中国国家版本馆 CIP 数据核字（2024）第023959号

中国健康生活图书实力品牌

节气中国：国学彩绘版

绘　　者	黄　健
编　　著	汉　竹
责任编辑	刘玉锋
特邀编辑	陈　旻
责任校对	仲　敏
责任监制	刘文洋
出版发行	江苏凤凰科学技术出版社
出版社地址	南京市湖南路1号A楼，邮编：210009
出版社网址	http://www.pspress.cn
印　　刷	南京新世纪联盟印务有限公司
开　　本	787 mm × 1 092 mm　1/12
印　　张	9
插　　页	4
字　　数	90 000
版　　次	2024年5月第1版
印　　次	2024年5月第1次印刷
标准书号	ISBN 978-7-5713-3988-3
定　　价	49.80元（精）

图书如有印装质量问题，可向我社印务部调换。